能源企业科技创新评价

刘明胜　樊胜　李建伟　董福贵　范霁红　等 编著

 中国水利水电出版社
www.waterpub.com.cn
·北京·

内 容 提 要

在全球创新的潮流和国家实施创新驱动战略的背景下，为深入推进能源企业创新能力提升、创新成果培育和落地，优化完善能源企业科技创新体制机制，助力创新创造价值，促进科技创新能力和管理水平提升，提高科技创新竞争实力，本书总结了国家电力投资集团有限公司多年来在科技创新投入价值评价、科技创新能力评估、科技创新绩效评估和科技成果价值评估等方面的系列专项研究成果，形成了一套科技创新评价流程和方法，具有一定的指导性和可操作性。

本书可供从事科技决策和管理的领导、工作人员，以及从事企业管理研究的学者和专家参考。

图书在版编目（CIP）数据

能源企业科技创新评价 / 刘明胜等编著. -- 北京：
中国水利水电出版社，2022.7
ISBN 978-7-5226-0876-1

Ⅰ. ①能… Ⅱ. ①刘… Ⅲ. ①电力工业－工业企业－技术革新－研究－中国 Ⅳ. ①F426.616.3

中国版本图书馆CIP数据核字(2022)第136012号

书　　名	能源企业科技创新评价 NENGYUAN QIYE KEJI CHUANGXIN PINGJIA
作　　者	刘明胜　樊胜　李建伟　董福贵　范霁红　等 编著
出版发行	中国水利水电出版社 （北京市海淀区玉渊潭南路 1 号 D 座　100038） 网址：www.waterpub.com.cn E-mail：sales@mwr.gov.cn 电话：(010) 68545888（营销中心）
经　　售	北京科水图书销售有限公司 电话：(010) 68545874、63202643 全国各地新华书店和相关出版物销售网点
排　　版	中国水利水电出版社微机排版中心
印　　刷	天津嘉恒印务有限公司
规　　格	170mm×240mm　16 开本　10.25 印张　163 千字
版　　次	2022 年 7 月第 1 版　2022 年 7 月第 1 次印刷
定　　价	**48.00 元**

本 书 编 委 会

前　言

　　科技创新是国家走向繁荣富强的立身之本，是在国际竞争中纵横捭阖的制胜之道。近年来，党中央和政府各级部门高度重视科技创新，全力推动创新驱动发展战略，加快建设创新型国家，把增强自主创新能力作为科学技术发展的战略基点和调整产业结构、转变增长方式的中心环节；将科技创新作为我国应对能源、环境和气候问题的主要手段。党的十九大报告强调："要深化科技体制改革，建立以企业为主体、市场为导向、产学研深度融合的技术创新体系。"

　　在全球创新的潮流和国家实施创新驱动战略的背景下，国家电力投资集团有限公司积极响应，将"先进能源技术创新驱动"作为集团重要战略发展方向，坚持"创新、协调、绿色、开放、共享"，围绕建设世界一流清洁能源企业，制定了一系列科技创新发展战略。为了深入推进集团创新能力提升、创新成果培育和落地，优化完善集团科技创新体制机制，助力创新创造价值，促进科技创新能力和管理水平提升，提高科技创新竞争实力，集团公司多年来围绕科技创新投入价值评价、科技创新能力评估、科技创新绩效评估和科技成果价值评估开展了一系列专项研究。

　　本书汇聚和梳理了相关研究成果，形成了一套科技创新评价流程和方法，具有一定的指导性和可操作性。本书可供从事科技决策和管理的领导、工作人员，以及从事企业管理研究的学者和专家参考。限于作者的专业知识和经验水平，书中难免存在疏漏和不当之处，诚望读者批评指正！

作者

2022 年 5 月

目　录

第1章 绪 论

1.1 理论与概念基础

1.1.1 创新的起源

"创新"一词最早是由美国经济学家约瑟夫·熊彼特（JosephAlois Schumpeter）于1912年出版的《经济发展理论》一书中提出。熊彼特的创新理论包括下列5种具体情况：开发新产品，或者改良原有产品；使用新的生产方法，比如改手工生产方式为机械生产方式；发现新的市场，比如从国内市场走向国际市场；发现新的原料或半成品，比如使用钛金属做眼镜的镜框；创建新的产业组织，比如新兴的培训公司。当年熊彼特所论及的创新，其最终检验标准只有一个，那就是广为市场接受而来的、具有独占或优先获取权的超额利润。

同时，熊彼特还明确指出创新与发明的区别："创新"不等于技术发明，只有当技术发明被应用到经济活动中才成为"创新"；"创新者"专指那些首先把发明引入经济活动并对社会经济活动发生影响的人，这些创新的倡导者和实行者就是企业家；"企业家"既不同于发明家，也不同于一般的企业经营管理者，是富有冒险精神的创新者，"创新"是企业家的天职；经济增长的动力是创新者——有远见卓识、有组织才能、敢于冒险的企业家。经济增长的过程是创新引起竞争的过程，即创新—模仿—适应；企业家精神，是企业家为了证明自己出类拔萃的才能而竭力争取事业成功的这种非物质的精神力量，支配着企业家的创新活动。

总之，熊彼特的创新理论包括创新、创新方式、创新者、企业家、创新是经济增长的动力、企业家精神等多方面的内容。尽管熊彼特首次提出了创新概念和理论，甚至列举了创新的一些具体表现形式，但熊彼特本人并没有对技术创新下狭义的严格定义。其创新概念包含的范围很广，如涉及技术性变化的创新和非技术性变化的组织创新。熊彼特始终将技术创新作为一个新的独立变量来考察其对经济增长以至社会变迁的影响作用，并没有对技术创新本身进行专门的研究。

1.1.2 科技创新的内涵与特点

1. 科技创新的内涵

目前，科技创新尚未形成统一的概念，专家学者普遍认为科技创新应包括技术创新、科学创新以及管理创新三个部分。技术创新是指企业应用创新的知识和新技术、新工艺，采用新的生产方式和经营管理模式，提高产品质量，开发生产新的产品，提供新的服务，占据市场并实现市场价值。科学创新是指面向基础研究和应用研究的创新，包括提出新观点、新理论、新方法，以及拓展新的研究领域或者以新的角度来重新研究已知事物等保护知识产权声明的科学研究活动。管理创新是指在特定的条件下，通过管理手段，对系统资源要素进行优化配置，以实现既定目标的活动，是把新的管理要素引入企业管理系统，从而实现组织目标的活动和过程。科技创新具有明显的社会属性和经济属性，通过科技创新，可以推动经济发展和社会发展，因此，科技创新是一个由多种要素构成的复杂体系，包括以知识创新为先导的科学研究、以标准化为核心的技术创新和以信息化为载体的管理创新三大体系，三个体系有机结合、相互支撑、相互促进，推动科学创新、技术创新与管理创新共同发展的新形态。同时，科技创新涵盖了科技创新思维意识、科技创新文化氛围、科技创新体制机制、科技创新人才团队、科技创新要素投入、科技创新成果产出等因素，科技创新主体应结合自身实际，分析短板因素，开展针对性的科技创新活动，以提高核心竞争力。

综上所述，科技创新是贯穿于整个科学技术活动过程中的所有创造新知识、产生新技术、应用新知识和新技术的科学技术活动和经济活动，是创新主体通过优化自身资源配置，以实现既定目标的过程。

2. 科技创新的主要特点

科技创新的主要特点包括以下四个方面：

（1）从创新起点看，在全球化竞争条件下，科技创新这种有目的的主动学习和努力行为，对于维护提升我国国家整体利益和自身竞争优势显得格外重要。科技创新与国家利益密切相关。强调科技创新作为提高社会生产力、提升国际竞争力、增强综合国力、保障国家安全的战略支撑，必须摆在国家发展全局的核心位置。

（2）从创新过程看，科技创新是在广泛借鉴和吸纳相关创新成果的基础上，依靠自身努力主导创新过程、创造新的成果的行为。科技创新不是关门创新，而是开放条件下的创新。科技创新是在奋发自强的精神状态下，主动努力、主动付出的行为。科技创新的整个过程，包括思想产生、研究开发，虽然需要借鉴他人技术，需要与他人合作（例如集成创新和引进消化吸收再创新），但还是以自主独创为特征，这样才能保证知识产权的归属。

（3）从创新效果看，科技创新主体具备的最核心特点是拥有科技知识产权。由于科技创新的自主性，使得专利、商标等知识产权由创新者自己占有。

（4）从创新成果看，超额利润是与高风险对价的科技创新特征。由于科技创新的专利保护，且其扩散有一定的时间，使得创新者在一段时间内可以获得高额利润。

1.1.3　科技创新评价研究历程

1. 科技创新投入产出评价

国内外学者对投入与产出的评价主要应用于两个方面，一方面是对效率的评价，企业的科技创新效率在很大程度上决定了企业的创新能力。建立科学合理的科技创新效率评价指标体系是进行科技创新效率研究的基础，许多学者遵循科学性、可比性、可行性等原则，针对不同层面问题提出不同评价指标体系。构建投入产出评价指标体系时，科学家与工程师数和研发（Research and Development，R&D）经费内部支出被选取作为科技创新效率评价的科技投入指标，发明专利授权量、大中型企业新产品产值、三大机构收录论文数和技术市场成交额被选择作为区域创新效益评价的科技产出指标。随着省域层面的科技创新数据不断丰富，在之后的研究中添加了各省（自治区、直辖市）历年科技活动人员、科技经费支出额作为人员和资本投入指标，在此基础上又创新地添加了地方财政科技拨款作为衡量科技资源配置效率的输入指标，此举使得指标体系日渐完善。研究企业科技创新整体活动的效率，通常运用数据包络分析法（Data Envelopment Analysis，DEA）、网络分析法（Analytic Hierarchy Process，ANP）、因子分析法等方法对模型进行求解。

另一方面是对绩效的评价，科技企业创新战略是转型升级的重要途径，对企业进行创新绩效评价是保证企业创新健康发展的重要手段。在创新绩效指标体系的构建上，学者们从不同的角度出发建立了差别较大的绩效评价指标体系。随着时代的发展，为了满足企业日益全面、综合和细致的信息需求，创新绩效评价指标从单一维度逐渐变得全面、综合和高效。在创新绩效评价方法上，对创新绩效的评价方法有很多，主要包括随机前沿分析法、层次分析法、灰色关联分析模型、BP 神经网络法和 DEA 等。

2. 科技成果价值评价

从价值论的观点出发，价值的本质体现是指客体满足主体需要的过程（或程度），客体为评价对象，主体为评价者或它所代表的用户。科技成果的价值则是指科技成果对人类需要（包括物质和精神方面的需要）的满足程度和过程。其中在物质满足方面，除实现自身外，企业还为国家和社会做出了贡献，这种企业对社会做出的贡献被称作社会贡献价值，其也逐渐成为评估企业价值成果的重要指标。在精神满足方面，一方面将环境保护及生态恢复、节能减排作为科技成果价值评价的重点之一；另一方面，通过构建科学的绿色技术创新评价体系来实现目标。

科技成果的价值内容主要包括知识价值和实用价值以及社会价值。知识价值主要体现人类精神需要的满足，此类知识价值也可以具象表现为企业的知识产权指标，正是由于该指标所反映的企业对知识产权的创造、保护和利用的能力，其被广泛应用于对科技创新评价中来；实用价值主要体现人类物质需要的满足，其原理类似于将研究开发成果转化为符合设计要求的可批量生产产品的制造能力，此能力是企业技术创新能力的重要组成部分，它直接决定了产品质量等方面的优劣，即产品创新的可实施程度，因此，此种制造能力也被用来对企业的技术成果进行评价；社会价值则包括人类对物质生活高质量的追求和满足，也包括人类对精神愉悦上不同程度的需要和满足，科技成果对人类需要的满足有一个完善和提高的过程。

3. 科技创新能力综合评价

科技创新能力是指企业在某一科学技术领域具有的发明创新的综合实力，是企业获得持续竞争力的源泉。科技创新能力作为技术创新系统功能发挥程度的反映，是支撑经济增长和竞争的决定性因素，科技创新能力的评价是监测科技创新工作效果的工具，科学地评价企业的科技创新能力，分析其发展变化规律，对于促进企业竞争力的提高并带动经济发展具有重要意义。

当前，国内外有关于科技创新综合评价的方法很多。在研究初期，主要通过主观评价法进行研究，即定性分析，根据主观经验或专家的意见，确定评级体系中的主观指标；而后，随着研究的不断深化，客观评价法逐步得到更加广泛的使用。再后来，主客观评价方法逐渐相互融合，优势互补，形成更为全面、科学的科技创新评价方法体系。目前常用的科技创新评价方法有因子分析、层次分析法、模糊综合评价法、数据包络分析、回归分析法和人工神经网络等方法。

研究方法在不断发展的同时，企业在对科技创新评价方向及其相关因素的研究也在随社会发展增加新的要素。企业技术创新的市场需求方向，其主要分为显性需求与潜在需求方向。企业往往通过积极采用新科技，努力调整产品结构来适应市场需求结构的变化，市场需求也是企业自主创新的首要动机。为了满足消费者偏好，不少企业在科技创新过程中也进行了多方面的尝试，其中的一些指标也逐渐成为了对企业进行科技创新评价的核心指标之一，例如在营销方面，评价重点也随着研究的逐渐深入，从产品市场占比到人均创利，再逐步发展到市场定位清晰及个性化的客户管理。大数据作为服务于市场需求的热门研究方向，也成为了重要的科技创新评价指标之一，评估手段也从初期通过问卷方式对大数据能力指标进行衡量，到现在能够细分为技术、人员、预测、决策等各类维度，从而对人力资源进行更大范围的精准评估，此类指标均在改进中不断完善，最终成为科技创新能力综合评价的重要指标。

1.2 研究背景及意义

1.2.1 研究背景

工业革命以来，由于能源的大规模开发利用，我国正面临着传统化石能源资源短缺、污染排放严重等现实问题，同时带来的环境污染、气候变化等问题也严重影响着人类可持续发展。建立在化石能源基础上的能源生产和消费方式亟待转变。同时，世界以风能、太阳能为代表的可再生能源发电总体处于加快发展阶段，但在技术创新、设备研制、工程应用及系统安全性、经济性上仍然面临较大的挑战，对此，中国在第 75 届联合国大会上正式提出 2030 年实现碳达峰、2060 年实现碳中和的目标，同时陆续出台《中共中央国务院关于完整准确全面贯彻新发展理念做好碳达峰碳中和工作的意见》《2030 年前碳达峰行动方案》（国发〔2021〕23 号）、《关于进一步加强节能监察工作的通知》（发改办环资〔2021〕422 号）等一系列发展新能源发电的重要方案，在一定程度上体现了国家对新能源发电的重视程度，而电力行业科技创新是促进新能源发电能力不断提升的本质驱动力。

为全面推进电力行业的科技创新，国家正在全力推动创新驱动发展战略，加快建设创新型国家，把增强自主创新能力作为科学技术发展的战略基点和调整产业结构、转变增长方式的中心环节，将科技创新作为我国应对能源、环境和气候问题的主要手段。党的十九大报告强调："要深化科技体制改革，建立以企业为主体、市场为导向、产学研深度融合的技术创新体系。"为深刻领会六中全会精神，坚持创新驱动发展，推进科技自立自强，发挥自身优势，电力行业需提高对科技创新方向的重视程度，并在现阶段内加速落实电力科技创新相关工作。当前，在电力行业内的技术方面仍存在着许多亟待解决的问题，尤其是新能源的存储和消纳问题。

在储能方面，目前的储能成本还相对较高，属于"奢侈品"，若大规模应用，将在一定程度上提高全社会用能成本，如何在技术层面降低储能成本并在社会上推广普及是现阶段技术层面的重要问题。同时针对大容量、长时间和跨季节调节的储能技术还有待突破，以新能源为主导的新型电力系统在极端天气时仍极有可能会出现新能源长时间出力受限的情况，然而目前的储能技术还无法完全有效解决该问题。总之，储能在快速发展的同时，仍然面临着技术方面的种种问题，这些技术问题均需要在电力行业科技创新的发展过程中进行不断完善。

在消纳方面，目前适应新能源消纳所需的电网调度运行新机制尚未建立，现有信息化手段不能充分满足新能源功率预测与控制、可控负荷与新能源互动等需要，多能协调控制技术、新能源实时调度技术、送电功率灵活调节技术等新能源消纳平衡技术亟待加强。

综上所述，当下在电力行业不同方向上仍有很多技术不足亟待解决，为了缩短技术攻克时限，对电力行业内部企业的科技创新研究刻不容缓，而对电力企业的科技创新评价就是系统科学地了解企业科技创新活动现状、确定未来调整方向的重要途径。鉴于此，本书将针对我国电力行业内部企业科技创新评价进行深入探索，从企业创新投入、创新管理、创新成果和创新绩效这四个维度来创建多层级指标池，从企业科技创新活动绩效、效率、科技成果价值、科技创新能力多个角度对企业科技创新进行评价，为电力企业科技创新发展提供导向依据。

1.2.2 研究意义

众所周知电力行业是传统意义上的垄断行业之一，但随着最近十几年市场经济不断的发展和政府对电力行业改革力度逐步加大，电力企业也加入到了市场竞争的大形势之中，为此电力企业的科技创新也具有更深远的意义。

在全球创新的潮流和国家实施创新驱动战略的背景下，电力行业内企业也积极响应，制定了一系列科技创新发展战略。为了更好地掌握电力企业开展科技创新活动给公司带来的效益，进而推进企业科技创新发展，本书针对不同类别企业科技创新评价指标体系进行研究，为企业在科技创新评价方面提供评价方法与评价措施，有效地帮助企业更好地实现创新资源的优化配置，促进自身科技创新水平的提高。其具体意义包括：

（1）顺应宏观政策，保障企业的持续发展。

现阶段，随着"双碳"政策等国家宏观电力政策的全面深入落实，电力行业作为落实政策的"主力军"，其针对相关国家政策进行的调整升级无论对企业自身还是国家发展都有着至关重要的作用。而加快推进科技创新无疑是在改革大环境下提升企业竞争力的必由之路，对不同类别的电力企业的科技创新评估直观地显示出企业在科技创新领域的短板与不足，也为企业在科技创新领域的发展指明了方向。

（2）提升整体科技创新效率，保障战略目标的实现。

随着电力企业创新战略的深入发展，其所面临的经营环境变得越来越复杂，战略决策的影响因素也更加多样化、更具不确定性。因此，对各电力企业进行科技创新水平的评价，可以为集团公司奖励科技创新水平较高的业务部门和调整、帮助科技创新水平低的业务部门提供定量依据，从而快速提高公司整体的科技创新水平。

（3）评估科技创新投入转化效率。

本书对同一个业务维度下的同类企业单位进行科技创新投入效率评价。根据评价结果对电力企业进行排名，排名靠后的企业需要重点关注，并可依据评价结果分析现存问题。通过评估使科技创新成果具有可见性，直接支持电力企业下一阶段创新投入目标的制定，并及时改正评价结果反馈的问题，促进公司创新投入转化效率目标的实现。

（4）保障战略实施。

各个电力企业依托国家创新驱动发展战略，制定的以科技创新为核心的各阶段发展战略，影响着企业所属集团公司乃至中国能源行业的转型和发展。评价企业科技创新水平能够保障企业所属集团公司科技创新战略发挥效用并构建科技创新水平评估体系，从而对集团公司优化资源配置、保障战略实施产生重大意义。

（5）评估科技创新战略实施情况，改进科技创新战略目标体系。

本书的研究成果可以指导电力企业制定更加准确的科技创新发展规划，评估创新战略实施情况，明确科技创新战略实施过程中的薄弱环节和改进方向，完善科技创新战略目标体系。

1.3　企业科技创新评价典型案例

随着科技创新的重要性与日俱增，许多大型企业在开展科技创新工作之后都会对自身的创新工作进行一个阶段的评价，以期取长补短。以下列举 H 公司、N 公司、T 公司、Z 公司对自身特定阶段科技创新活动的评价方法和评价维度，通过学习其他优秀企业的做法来完善构建科技创新评价指标体系。

1.3.1　H 公司技术创新能力评价研究

作为国内知名的高新企业，H 公司在研发策略上的选择与其他公司存在很大的不同，H 公司在研发理念上倡导的是高度尊重知识产权，同时重视自主研发，研发以市场为导向而非以技术为导向；研发以掌握核心技术，做产品平台为目标。同时，在研发资金上，H 公司一直坚持的是将年度销售额的 10% 甚至更多投入到研发活动中。在研发方面，H 公司选择的是矩阵式的组织结构，无论是在事业部之间，还是在事业部之内，H 公司实行的都是这种两条线汇报的矩阵式结构。

H 公司在建立技术创新能力评价指标体系时会将重点放在知识产权持有数、研发投入、研究开发人员、管理人员等上面。其中，创新积累的最终体现是员工素质和学习能力的提高；创新实施主要包括研究开发与生产制造两方面；而创新效果在销售能力和新产品的产出效益上得到很好的体现。另外，创新活动整个过程都离不开管理能力的创新。所以从这个角度来看，技术创新能力的结构要素可以分解为学习能力、研发能力、制造能力、营销能力、产出能力以及管理能力这六个方面。由此 H 公司在对自身的技术创新能力进行评价时，选取以上六个方面为一级指标，并在此基础上确定各个阶段的二级指标，建立了 H 公司技术创新能力评价指标体系，见表 1-1。

1.3.2　N 公司科技创新能力评价研究

N 公司从科技创新战略的角度，引入战略地图工具，从而实现评价指标体系与公司科技创新战略的接轨。战略地图以公司科技创新战略目标为

表 1 – 1   H 公司技术创新能力评价指标体系

一级指标	二 级 指 标
学习能力 C1	员工素质——数量强度 C11
	学习培训费用（含学习设备费用）投入强度 C12
研发能力 C2	R&D 资金投入强度 C21
	产品平均研制周期 C22
	产品研发成功率 C23
	专利拥有数 C24
	自主创新产品率 C25
	研究开发人员比例 C26
	研发人员素质——数量强度 C27
制造能力 C3	生产设备先进性加权平均值［按照设备技术水平（国际标准）的年代］C31
	专业技术工人比例 C32
	专业技术工人素质——数量强度 C33
营销能力 C4	营销费用率 C41
	专职营销人员比例 C42
	营销网点数 C43
产出能力 C5	新产品产值率 C51
	产品市场占有率 C52
管理能力 C6	管理人员比例 C61
	管理人员素质——数量强度 C62
	管理人员平均从业年限 C63

起点来寻找能够实现科技创新目标的路径。在战略地图上描述的各个层面的目标之间存在着一系列因果联系，在层面内部的科技创新战略行动之间存在着相互联系和互为支撑的关系。

确定公司科技创新综合实力的形成源于持续的科技创新能力、强大的项目管理能力、领先的科技成果创造与应用能力三个类别。三个类别的定义、成功要素、考核导向与评价要点具体见表 1 – 2。

表 1 - 2   N 公司战略实施成功要素分类及考核导向、评价要点

类别	类别定义	成功要素	考核导向	评 价 要 点
科技创新能力	主要从公司科技创新长远发展角度，从科技创新持续经费投入、科技团队建设、科技平台搭建和科技资源整合配置方面构建的围绕企业核心技术方面的内生创新动力	自主创新	鼓励关键技术的自主研发	分子公司自主研发的项目费用性经费占统计对象的总费用经费的比例
		协同创新	鼓励系统内各单位相互合作，构建创新合作体系	委托和接受其他分（子）公司协同研发合同金额占年度科技项目总经费的比例
		研发投入	增大科技投入，更多的资金投入到研究活动	各单位下属科研机构科技项目总经费占该公司科技项目总经费的比例
		研发平台	鼓励建设平台	拥有各种国家级、省部级、公司级或第三方认证的科研平台的数量
		科研主体	强化科研主体建设	拥有的各类院士、特殊人才、公司级技术人才的数量
项目管理能力	主要面向科技创新管理工作，建立系统的项目管理体系，包括建立项目立项、评审、过程、质量、成本、奖励等管理标准和制度	重大项目	鼓励承担大项目，做重大攻关	各单位年度承担的各类重大项目数量之和
		获奖项目	提高申报项目中优质项目的比例	各单位申报各类科技奖项的获奖数量与申报总数的比例
		项目质量	重视项目的质量管理	各单位科技项目中期检查合格项目数与开展中期检查项目数的比率
		项目过程	重视项目的过程执行管控	各单位作为项目（课题）承担单位的国家级/省部级/公司级/公司重点项目进度受控程度
		项目成果	提高科技项目申报质量	各分（子）公司进入储备库的 A 级和 B 级科技项目占本年度入库的科技项目的比例
成果创造与应用能力	主要面向科技创新成果的转化与应用，从科技创新成果被社会认可、对企业技术水平的提升、对企业服务水平的提升、经济效益创造、社会影响力等方面产生影响的科技产出	各种奖励	国内外领域的各种科技创新奖励	各单位获得的各类科技奖项的数量之和
		专利获取	科技创新专利的经济效益提升	各单位年度获得申请/授权的及累计拥有的专利的数量之和
		论文发表	提升科技论文发表的质量和影响力	各单位被收录的各类论文数量之和

续表

类别	类别定义	成功要素	考核导向	评价要点
成果创造与应用能力	主要面向科技创新成果的转化与应用,从科技创新成果被社会认可、对企业技术水平的提升、对企业服务水平的提升、经济效益创造、社会影响力等方面产生影响的科技产出	标准制定	鼓励科技成果转化为行业、企业标准	各单位负责或参与编制的已发布国际/国家/行业/企业标准的数量之和
		成果推广	建立科技成果的各级推广目标,积极开展科技成果推广	各单位列入/定义《公司年度重点推广科技成果和新技术目录》的成果数量之和

通过对战略重点与举措的关键成功要素的聚类分析,将这些要素归类为科技创新能力、项目管理能力和成果创造与应用能力三方面。根据以上指标的确定,整合构建了 N 公司科技创新能力评价指标体系,具体见表 1-3。

表 1-3　　　　　　　　N 公司科技创新能力评价指标体系

维　度	指　标	单位
科技创新能力	科技项目经费比例	%
	科技项目经费增长率	%
	科研机构经费比例	%
	高级技术专家研发团队配备率	%
	费用性经费比例	%
	科技研发平台新增数	个
	协同研发率	%
	自主研发率	%
项目管理能力	科技项目入库率	%
	科技项目入库 AB 类项目率	%
	重大科技项目承担数	个
	中期检查合格率	%
	科技项目验收抽查合格率	%

续表

维　度	指　标	单位
成果创造与 应用能力	科技奖励获得数	个
	专利开发率	%
	科技成果推广应用数量	个
	技术标准制定数量	个
	科技论文发表数量	篇

N 公司根据各项指标的重要性程度，采用了德尔菲的 AHP 法来对评价指标进行权重确定。另外，N 公司为了在对各单位进行科技创新评价时保证科技创新评价工作的公平、公正和合理，充分考虑了各单位科技创新投入与产出的水平差异性。为此，网省评价体系中引入科技创新投入系数 K。K 值的引入主要是为了在针对成果创造和应用能力维度的指标评分时，能够体现各创新主体的差异性，从而客观、公平地对科技创新投入与产出的实际水平进行评价。

科技投入系数 K 的计算公式如下：

$K=$（所有被评价单位过去二年科技项目总经费之和/本年度被评价

单位总数）/该被评价单位过去二年科技项目总经费之和　　（1－1）

为了客观反映各单位科技创新的实际水平以及在科技创新工作的投入与增长情况，N 公司引入科技创新增加值（technological innovation added value，简称 T 值），目的是为了鼓励各单位积极落实科技创新各项工作。科技创新增加值主要是从被评价单位自身的科技工作完成情况的增长程度来体现。最后通过线性加权求和法计算评价指标的综合评价得分。

1.3.3　T 公司科技创新指数评价研究

在科技创新指数的评价上，T 公司研发中心通过对"创新指数榜"相关理论依据的全新梳理，构建了创新系统模型，提出将组织的创新活动划分为创新投入、创新过程、创新产出、创新绩效 4 个维度的 10 个考核项，其中各维度中的各个考核项分别包含相应的评价指标。由此，"创新指数榜"评价指标体系的构成可划分为 1 个指数、2 个角度、4 个维度、10 个考核项和34个评价指标，按照技术创新工作流程对具体指标进行重组，便于分析各单位技术创新阶段情况；增加了市场开发情况、院属单位协同创新情况和整体加减分项指标；考虑到各单位知识产权产出基本都达标的情况，删减了知识产权产出考核评价指标。需要说明的是，T公司每年都会根据实际情况，对指标体系进行适应性微调。创新系统模型图与"创新指数榜"评价体系构成图如图1-1、图1-2所示，科技创新评价指标体系见表1-4。

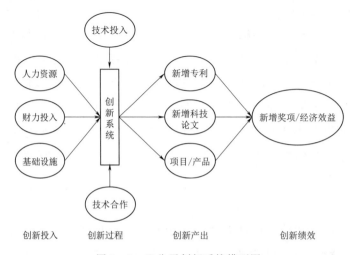

图1-1　T公司创新系统模型图

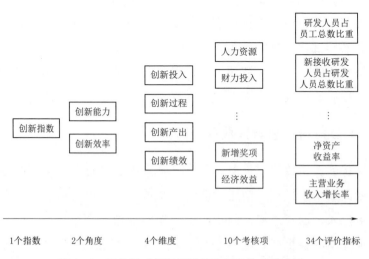

图1-2　T公司"创新指数榜"评价体系构成图

表1-4 T公司科技创新评价指标体系

分指数类别	考核项	评 价 指 标	指标类别
创新投入	人力资源	研发人员占员工人数比重	相对指标
		新接收研发人员占研发人员总数比重	相对指标
		每百人聘用专家人数（含外聘/返聘）	绝对指标
	财力投入	每百人研发经费投入金额（万元）	绝对指标
		研发投入占总投入比重	相对指标
		吸收本单位外项目经费金额（万元）	绝对指标
		吸收本单位外项目经费金额占总金额比重	相对指标
	基础设施	国家或国防重点实验室/工程中心数量	绝对指标
		省部级重点实验室/工程中心数量	绝对指标
		每百人重大科研设备数量（50万元以上）	绝对指标
		每百人新增仿真软件数量	绝对指标
创新过程	技术投入	每百人拥有专利数量	绝对指标
		每百人拥有科技论文数量	绝对指标
		购买、租用专利数量	绝对指标
	技术合作	产学研开放创新平台数量	绝对指标
		技术交流活跃指数	相对指标
		平均合作合同规模	绝对指标
		参加学会组织数量（当选理事、会员等）	绝对指标
		参加国际国内技术交流会次数	绝对指标
创新产出	新增专利	每百人新增专利数量	绝对指标
		新增专利数量占总专利数量比重	相对指标
	新增科技论文	每百人新增科技论文数量	绝对指标
		新增科技论文数量占总科技论文比重	相对指标
	项目/产品	每百人研发项目数量	绝对指标
		每百人当年新增项目数量	绝对指标

续表

分指数类别	考核项	评价指标	指标类别
创新产出	项目/产品	每百人研发成果数	绝对指标
		计划完成率	相对指标
创新绩效	新增奖项	每百人新增国家级及以上科学技术奖项数量	绝对指标
		每百人省部级（含集团）科学技术奖项数量	绝对指标
		每百人获院级奖项数量	绝对指标
	经济效益	总收入	绝对指标
		成本费用利用率	相对指标
		净资产收益率	相对指标
		主营业务收入增长率	相对指标

在对参加"行业指数榜"排名的院属单位进行评价时，为便于对各年度数据进行横向分析，将每年度排名第一名的单位按照 100 分来计算，其他单位以此为满分进行标准得分换算。之后，为横向对比创新与评价对各单位得分情况的影响，引入了"平均分"指标；分析考核评价对院属单位整体的变化趋势作用，引入了"方差"和"标准差"作为量化指标，分析各年度各单位之间的差距。根据这三个指标进行分析，发现院属 13 个单位 4 年来的排名波动情况参差不齐，各单位之间的差距逐步增大。排名中间段的单位各年度波动较大，靠前和靠后单位的波动较小，一方面反映出"创新指数榜"考核与评价指标体系的作用主要体现在对中间段单位的导向作用较大，排名靠前单位的优势地位在短期内难以撬动，排名靠后单位的基础较弱，短期内仍存在较大差距，而中间段单位之间差距较小，各单位通过考核评价指标体系的引导，短期内采取改进措施，对其提升效果明显。

1.3.4　Z 公司科技创新指数评价研究

按照系统理论的思想并结合企业在技术创新上的特征及其特有的内涵，把技术创新的指标进行不断的分解，进而构成一些彼此联系，侧重点各异，但是又能从整体上系统的对企业进行技术创新评价的指标进行评估，以此作为企业在技术创新活动进行优化和评价的依据。在评价指标的选取上，设立 6 个一级指标，包括投入能力、研发能力、管理能力、生产能力、营销能力和产出能力，还设立了研发资金投入强度、研发人员投入强度等 22 个二级指标，见表 1-5。

表 1-5　　　　　　　　　Z 公司技术创新评价指标体系

一级指标	二级指标
投入能力 A1	研发资金投入强度 A11
	研发人员投入强度 A12
	非研发人员投入强度 A13
研发能力 A2	研发成果能力 A21
	研发成果率 A22
	自主创新产品率 A23
	专利数量 A24
管理能力 A3	信息采集能力 A31
	领导者的能力 A32
	激励机制 A33
生产能力 A4	生产设备能力 A41
	企业生产人员的组成 A42
	企业的劳动生产率能力 A43
	生产原料利用率 A44
	能源利用率 A45
营销能力 A5	销售人员能力 A51
	销售费用投入能力 A52
	产品竞争力 A53
产出能力 A6	新产品的投资收益率 A61
	产品销售率 A62
	产品收益率 A63
	市场占有率 A64

在评价方法上，Z 公司选取数据包络分析法，利用 DEA 评价模型，把整个企业视为将投入转化为产出的过程，主要是人员投入、财力投入等要素投入转化为产出。另外通过各种方式获取了 20 家分公司的相关数据，经过计算之后得出 20 家公司中只有 4 家的 DEA 是有效的，占所有同行业公司的 20％，其余的 16 家 DEA 测算结果都是无效的，这说明我国该行业企业的技术创新能力的水平偏低。

1.4 内容与章节结构

1.4.1 内容结构

（1）理论基础与实践基础梳理。

通过查阅文献书籍等资料，总结归纳科技创新评价理论与相关研究，对行业先进企业进行调研，总结国内先进企业科技创新评价建设实践，为电力企业科技创新评价体系的构建奠定理论与实践基础。

梳理科技创新评价发展脉络，总结不同评价角度应用的评价方法及评价模型。在充分研究的基础上结合电力企业的特点，针对本书所涉及的各个评价角度，确定契合度高、应用性强的可借鉴的评价方式与评价模型。

（2）科技创新内外部环境分析。

企业的科技创新受到很多因素的影响，有外界政策环境、经济环境等带来的影响，也有企业内部特点带来的影响。研究当前国内关于科技创新的政策法规，结合电力行业特点，准确把握科技创新内在特征和企业科技创新发展的关键影响因素。本书首先运用 PEST 分析，对电力企业当前所处的政策环境、经济环境、社会环境、行业环境以及科技创新环境等外部环境进行系统的分析，以便对国家的政策导向、行业发展趋势和科技创新发展趋势有一个准确的把握。随后，再通过SWOT 分析对电力行业内部发展情况进行研究，明确我国电力行业当前在科技创新方面的核心优势、主要短板、重大机遇、困难挑战等。通过 PEST 分析与 SWOT 分析，可以更加准确的选取电力企业科技创新评价指标。

（3）建立分析模型，识别影响企业科技创新水平发展的关键因素。

构建历史数据库并利用统计分析工具进行研究，识别影响企业科技创新水平的关键因素。利用互信息理论分析数据间信息关联，并采用最大相关—最小冗余准则对指标因素进行筛选。利用决策实验室结合解释结构模型的方法对影响因素进行定量分析与挖掘，明确单个因素对企业科技创新发展的影响程度。

（4）梳理指标，建立企业科技创新评价指标体系与模型。

充分了解不同评价角度的评价诉求，针对不同角度的评价主体类型划分，建立适应性的评价体系。在科技成果价值评估中将科技成果划分为技术开发类成果与应用基础研究类成果；在科技创新效率评价中，按照企业的业务类型，将企业划分为技术服务类企业、科技研发类企业、生产经营类企业等类型；在科技创新绩效评价中，将企业划分为科技创新类、产业技术依托类、技术应用类、创新中心、金融和服务类等类别。针对不同的需求建立适应于评价主体类别的评价体系。

（5）应用所建立的评价体系，开展模型的计算与结果展示。

在评价体系与方法模型建立完成后，应用所建立的评价体系与方法模型，选取样本公司，收集所需要的数据，进行该章节的实证分析，阐述分析过程、展示结果，验证方法模型的可行性。

（6）梳理不同角度科技创新评价方法与流程，编写各角度科技创新评价实施细则。

为实现本书的实用性与可操作性目标，将各个评价角度的评价实施细则进行汇编。根据各章节的理论研究与实证计算，梳理不同评价角度的评价流程与细则，总结整理，汇总于本书的附录部分，方便企业在科技创新评价过程中，直接选择评价角度进行应用。

1.4.2　章节结构关系

本书整体章节结构关系如图1-3所示。

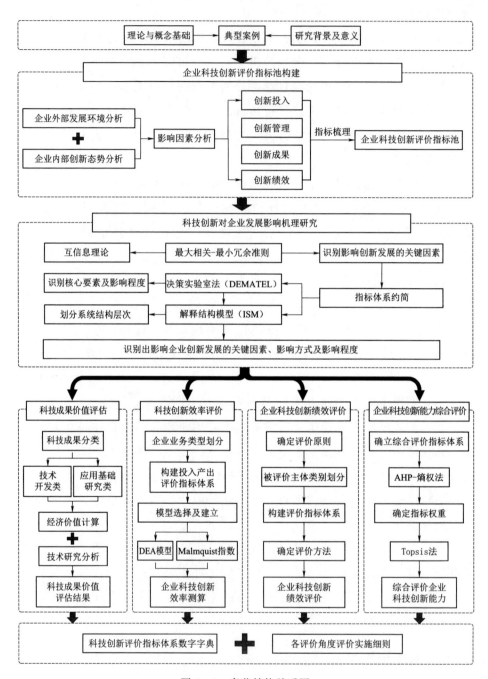

图 1-3 章节结构关系图

第2章 企业科技创新评价指标池构建

2.1 企业创新发展内外环境分析

2.1.1 企业外部发展环境分析

2.1.1.1 政治环境

1. 企业科技创新发展的指导思想

国家创新驱动发展战略纲要的指导思想中确立了要以邓小平理论、"三个代表"重要思想、科学发展观为指导，深入贯彻习近平新时代中国特色社会主义思想，按照"四个全面"战略布局的要求，坚持走中国特色自主创新道路，解放思想、开放包容，把创新驱动发展作为国家的优先战略，以科技创新为核心带动全面创新，以体制机制改革激发创新活力，以高效率的创新体系支撑高水平的创新型国家建设，推动经济社会发展动力根本转换，为实现中华民族伟大复兴的中国梦提供强大动力。

2. 企业科技创新的法制建设

国家创新驱动发展战略纲要中提出，要健全保护创新的法治环境，加快创新薄弱环节和领域的立法进程，修改不符合创新导向的法规文件，废除制约创新的制度规定，构建综合配套精细化的法治保障体系。法制体系的完善可以为企业的发展创新提供更健康的环境，在法制的保护下企业能够最大限度地获取自身创新发展所带来的切实利益，完整的法治体系提高了企业在创新发展方面的积极性。

2.1.1.2 经济环境

当前，由于社会宏观环境的影响，各类企业与广大居民要求电力行业打破垄断、提供优质服务与降低电价的呼声越来越高。随着市场化进程的不断发展，宏观经济环境对电力企业的影响将日益加深，我们面临的困难与问题也将越来越多。同时，我国经济逐步进入经济增速换挡、经济结构升级、区域协同发展和创新驱动发展的新时期，经济发展将保持平稳向好、稳中有进的态势，对公司加快创新建设提出了新的要求。

1. 电力企业经济发展的政策依赖性减弱

电力行业的深入改革改变了我国的国民经济增长方式，也进一步加快了产业结构调整的步伐，提高了技术进步的水平。在资源配置以市场为主的大环境下，国家已经逐步取消过去计划经济下由于严重缺电而给予电力企业的各项优惠政策。随着各项优惠政策的取消，在社会不景气指数制约期，受社会宏观环境的影响，电力企业资源获取困难，平均固定成本上涨，市场销售不旺，沉淀资本增大，电费回收困难，应收账款增多，产品限价。同时，由于国有企业没有解困，用户困难，电力企业作为国有企业的一员，自然要为改革分担成本，因此必须增加上缴利润。再者，随着全球经济一体化的步伐加快，中国加入 WTO 在一定程度上对电力企业也将直接或间接的产生一定的影响。如此种种，对电力企业的生产经营活动都将产生极强的控制与调节作用。电力企业面对这些经济宏观环境的变化，不得不由过去靠政策支持转向市场寻求资源与挖掘内部潜力，这也对企业的改革创新能力提出了更高的要求。

2. 电力企业的创新驱动性增强

在国家大力推行创新创业的发展战略下，电力行业的发展也将朝着高端装备、智能制造、新能源、新材料等方向推进，依赖科技创新推动电力体制改革。另外，"互联网＋"的发展模式对电力行业提出了新的要求，新一轮的能源革命要与数字革命相融并进，通过缩短能源互联网技术更新迭代周期的方式加快能源互联网的建设进程。在新的发展策略要求下，电力企业的经济发展模式需要与科技创新技术的发展建立更为紧密的联系。

3. 乡村振兴和区域协调发展战略持续推进

中央大力实施乡村振兴战略，着力缩小城乡差距，统筹实施"四大板块"（西部开发、东北振兴、中部崛起、东部率先）和"三个支撑带"（京津冀协同发展、长江经济带发展、"一带一路"建设）战略组合，大力推动城市群和城镇建设，对电力企业持续加强电网基础设施建设、提高供电服务能力提出更高要求。要求加快建设智能电网，建成网架坚强、广泛互联、高度智能和开放互动的现代化电网。同时，新型城镇化、美丽乡村建设加快推进，客户需求更趋多元化、个性化，对电力行业的服务能力提出更高要求。

2.1.1.3 社会环境

1. 社会发展对企业科技创新提出更高要求

目前社会发展正朝着信息化、智能化等方向进行着飞速的改变，人们的生活方式和社会中的信息传递方式都发生了巨大变化，随之而来的是人们的思想认识、价值观念更趋多元，大众自身服务意识和维权意识也在不断提升，并且随着网络信息技术的快速发展，信息在公众舆论中传播更深更快更广，要求公司进一步加强社会沟通，并依据社会发展的最新趋势整理制定企业自身创新发展的新方向，避免企业发展同社会发展之间产生脱节，以建立企业服务和社会需求之间的高度和谐。

2. 法治社会的不断深化

全面依法治国的法治理念不断深化，中央全面推进依法治国，加快建设中国特色社会主义法治体系和社会主义法治国家。对中央企业管理、监督和考核不断强化，公司面临的政府监管、社会监督和企业自律越来越严。落实全面依法治国战略部署，要求公司提高法治力，把法治要求嵌入公司业务运转各个环节，着力建设"三全五依"法治企业，加快实现公司治理现代化。公司业务管理的法制化将为科技创新提供良好的发展环境，通过完善的法律制度对科技创新成果进行保护将提高行业工作人员对创新研发的积极性，进而加快行业科技创新的发展进程。

3. 社会主要矛盾的变化

在社会发展变化的历程中企业承担着重要的社会责任，企业应以社会的主要矛盾作为自身发展的导向。当下我国社会主要矛盾已经转化为人民日益增长的美好生活需要和不平衡不充分的发展之间的矛盾。人民美好生活需要日益广泛，电动汽车等各种能源利用方式蓬勃发展，用电需求日趋多样化、个性化和互动化，能源消费理念和消费方式发生深刻变化。这要求企业必须以科技创新作为企业自身发展的有力推手，结合用户的多元化需求，提供更多符合人民需求的产品与服务，努力提高服务质量和水平。

2.1.1.4　行业环境

1. 能源清洁绿色转型进一步加快

加快发展清洁能源、推动能源绿色转型已成为世界各国应对能源和生态环境问题的共同选择。"双碳"战略目标对电力行业的转型速度提出了更高需求，发电企业需要加快向清洁能源转型的速度，加大风能、太阳能、潮汐能、地热能等新能源在发电能源中的占比。根据《BP 世界能源展望（2018）》，预计至 2040 年可再生能源、核能和水电占中国能源需求增长的 80％，可再生能源将接替石油成为中国第二大能源来源，IEA 预测，2040 年低碳能源在我国能源结构中的占比将达到 24％。另外，能源结构转型的成功实施需要高精尖的人才和技术的支撑，新型电力人才培养以及行业科技创新迫在眉睫。

2. 电力需求将保持长期增长

目前我国人均用电量不到发达国家一半，未来电力发展空间仍然较大。2020 年全国全社会用电量已达 75110 亿 kW·h，2030 年预计将达到 11 万亿 kW·h，在现有基础上实现大幅上涨。用电量的不断增长增大了电改的难度，传统发电形式以煤炭作为主要能源的火电为主，新能源发电还面临着许多诸如电能储存和并网的技术问题，如何平衡双碳系列政策和满足用户用电需求将成为电力行业的下一个重点问题，这就需要相关企业加强新能源发电、存储和并网技术的创新，以新能源发电量的增长来弥补持续增长的用电需求，才能同时满足双碳政策的相关要求。

3. 需求侧在电力系统中作用凸显

需求侧资源在电力市场和电力系统运行中作用进一步凸显，我国需求侧潜力巨大，需要逐步完善政策体系和市场机制，为需求侧资源有效利用提供合理的激励措施。我国部分省份已经试点开展了虚拟电厂等需求侧响应项目，在推进需求响应资源规模化、常态化发展过程中，还面临政策法规不健全，需求响应资源补贴机制、参与市场机制及拓展需求响应资源的商业模式不完善等问题。针对需求侧管理体制和平台构建的技术创新不容忽视，未来需要着力健全完善需求侧资源利用的政策体系和市场机制，并将需求侧响应纳入"十四五"能源电力规划，进一步明确发展目标、建设路径和重点任务，并抓紧制定完善需求响应平台、终端、互操作协议等技术标准，加强电力需求侧管理的信息化程度。

4. 能源互联网成为重要发展方向

习近平总书记对推动能源"四个革命、一个合作"、建设国内能源互联网、构建全球能源互联网等作出一系列重要指示。未来的电网，从技术特征上看，将向新一代电力系统演进；从功能形态上看，将向能源互联网演进。建设以坚强智能电网为核心的新一代电力系统，构建广域泛在、开放共享的能源互联网，成为电网发展的必然趋势。电力行业需要加强适用于能源互联网建设目标的综合型人才的培养，针对能源行业与互联网技术领域的交汇领域积极开展技术融合创新，加快能源互联网的建设进程。

5. 建立能源节约型社会

为了实现国家推行的低碳发展策略，发电端的能源结构转型是重点，同时用电端能源消费的节能理念也需要加强。能源消费革命要求提高能效，公司需要加快实施"电能替代"，加强能效管理，并将节能技术的研发提上日程，创造更多高新技术设备用以提高能源利用效率。国家提出能源消费革命，抑制不合理能源消费，控制能源消费总量，落实节能优先方针，把节能贯彻于经济社会发展全过程和各领域，加快形成能源节约型社会。要求公司加强节能降耗工作，积极推动电网能效管理，将线损率控制在合理水平，积极开展用户能效管理，推动和促进社会节能。

2.1.1.5 科技创新环境

1. 政策导向

当前，新一轮科技革命和产业变革正在孕育兴起，科学技术越来越成为推动经济社会发展的主要力量。习近平总书记要求立足我国国情，紧跟国际能源技术革命新趋势，以绿色低碳为方向，推动能源技术革命，把能源技术及其关联产业培育成带动我国产业升级的新增长点。《中国制造2025》《能源技术革命创新行动计划（2016—2030 年)》（发改能源〔2022〕210 号）、《国务院关于积极推进"互联网＋"行动的指导意见》（国发〔2015〕40 号）等文件的先后印发，国家明显加大政策激励力度，引导和保障企业更好地发挥创新主体作用。

2. 国家创新驱动发展战略的实施

强化了企业在科技创新中的主体地位，为公司营造了更加有利的科技创新环境。国家正在全力推动创新驱动发展战略，加快建设创新型国家，把增强自主创新能力作为科学技术发展的战略基点和调整产业结构、转变增长方式的中心环节，将科技创新作为我国应对能源、环境和气候问题的主要手段。《中共中央 国务院关于深化体制机制改革加快实施创新驱动发展战略的若干意见》要求营造激励创新的公平竞争环境，发挥市场竞争激励创新的根本性作用，强化普惠性政策支持，促进企业真正成为技术创新决策、研发投入、科研组织和成果转化的主体，增强市场主体创新动力。此外，适应创新驱动发展要求的制度环境和政策法律体系为公司加强创新能力、加快创新发展，强化技术决策、研发投入、科技组织和成果转化，完善创新评价标准、激励机制、成果转化机制和人才引进机制带来了良好机遇。

3. 人才培养、激励机制的优化

人才力量是科技创新的原动力，加强人才引进和培养对创新驱动有着重要意义。目前主要通过以下形式对人才引进和培养模式进行优化，以提供更优质的人才培养体系。第一，形成以项目为载体的育才机制，开展国内外学术交流与合作，依托重大研发项目等有影响力的平台造就一批国家和国际声誉的领军人才和项目带头人。第二，加强与第三方人才资源机构的合作，动态引进高端人才。按市场化规则配置创新人才队伍，完善创新人才晋升通道。第三，研究长期与当期相结合的激励机制，落实分红和股权激励政策，加大创新成果转让收益对重要贡献人员的分配力度；结合年度考核实施特殊奖励金制度，对进展好于预期、创新绩效突出的单位和个人给予年度考评奖励。对高层次人才给予与市场匹配的薪酬待遇并配套专门的总额。

4. 科技创新的法治体系完善

现代市场体系是我国现代化经济体系运行的重要载体，建立健全统一开放、竞争有序的现代市场体系，是优化升级产业体系、完善收入分配体系、实现区域协调发展和绿色发展的基础条件。《中共中央 国务院关于加快建设全国统一大市场的意见》提出，"健全市场体系基础制度，坚持平等准入、公正监管、开放有序和诚信守法，形成高效规范、公平竞争的国内统一市场"。这些举措立足于扩大内需的战略基点，依法平等保护民营企业产权和企业家权益，在法治框架内调整各类市场主体的利益关系，营造有利于扩大投资和消费升级、促进畅通国内大循环和国内国际双循环的市场化、法治化、国际化营商环境，有助于形成良好预期、增强各类市场主体的创新活力。

2.1.2 电力系统内部创新态势分析

2.1.2.1 核心优势

1. 电力行业是国家支柱类行业，财力比较丰厚

创新的实现需要人才培养和先进的技术设备作支撑，电力行业作为我国支柱行业之一，其拥有雄厚的财力可用于人才引进和培养以及引进或研发相应的先进设备，通过雄厚的资金实力作为助推剂，可加快电力行业创新发展进程。

2. 电力行业技术资源和管理经验比较丰富

电力行业作为我国的传统行业，大多数企业的发展历史都十分悠久，积累了很多技术资源和管理经验，拥有很多世界前沿技术。这些丰富的资源和经验为行业的创新发展奠定了基础，使得后来的创新者可以站在巨人的肩膀上继续向前，相对其他新兴产业领域其更容易在领域内实现创新突破。

3. 电力行业发展具有较大的政策支持力度

电力行业作为我国的支柱行业，其发展多以政企一体化形式为主。在其发展过程中受国家政策的支持力度较大，在电网朝着清洁能源和可再生能源方向转型的过程中，政府出台了大量的激励政策帮助电力企业解决其转型过程中遇到的诸多问题，这使得对应的电力企业更积极地进行企业内部的改革转型与创新。

4. 电力行业发展的稳定性较高

电能作为生产生活中的必需品难以找到其替代能源形式，目前我国用电量仍然维持着持续增长的模式，稳定的电能需求使得整个电力行业的波动性减弱，加上相应的政策引导使得整个电力市场中的电力企业得以稳定发展。稳定的市场态势使得电力行业更具创新活力。

2.1.2.2 主要短板

1. 创新发展和行业影响需要加强和提升

电力企业也存在着制约创新发展的瓶颈，主要体现在以下方面：基础

27

研究、原始创新能力不足，重大原创性成果缺乏；创新的风险偏好程度低，科技创新失败的承受度低；稳定的创新投入渠道尚未建立，科技成果评价机制尚未形成，部分企业自主科技投入积极性尚待提高；科技成果转化的有效机制还未建立，成果验证示范、首台套应用、推广应用等政策尚未落地；创新创造的激励机制还不健全，各类创新型人才的数量规模、结构分布等不能满足创新发展的迫切需要。

2. 创新型人才培养机制不完善

电力市场具备漫长的发展历程，已经形成了其独特固定的人才培养模式，培养的人才多为实用型人才，对创新型人才的培养重视度不足，没有完整的创新型人才培养机制，这将导致当下电力行业的创新进程中出现人才断层的现象，而人才是创新发展中最重要的能源库，人才的断层将极大降低电力行业完成创新实践项目的效率。

3. 科技研发投入较发达国家差距较大

电力行业对科技研发的投入不足，节能环保核心技术水平偏低。与发达国家相比，我国电力科技水平仍存在较大差距，科技研发重视不够、投入不足，自主创新的基础比较薄弱，核心和关键技术落后于世界先进水平，重要设备的国产化率低，一些关键技术和装备，如航改型燃机、大型清洁高效发电设备、多晶硅、页岩气勘探开发技术、先进核反应堆技术等依赖于国外引进，增加了绿色环保成本。另外，国家对火电污染物排放的控制力度日益加大，脱硫、脱硝、除尘等一系列设备改造及运行维护费用高昂，导致企业成本增加，负担加重，短期内无法弥补，电力行业的科技自主创新发展需求变得更加迫切。

2.1.2.3　重大机遇

1. 双碳政策带来的机遇

2020 年 9 月中国在联合国会议上明确提出 2030 年"碳达峰"与 2060年"碳中和"目标。在双碳政策目标下，我国出台了一系列的相关政策用于助推企业使用清洁能源发电，并对电力行业的能源结构提出了改革要求。在一系列政策的支持下，风电、光伏发电等清洁能源发电模式迅速发展，但风电光伏领域还存在很多诸如储能、并网等技术不成熟的地方，结合国家政策的大力支持，清洁能源发电领域将成为电力行业新的科技创新聚集地。

2. 技术创新引领科技发展，激发公司发展内生动力

能源重大科技进步全面提速，生产消费进入重大变革窗口期。以"绿色化""信息化"为特质的国内外能源科技创新高度活跃，互联网、大数据、云计算等新兴技术与能源技术深度融合，大规模储能、智能电网等关键技术加快进步，分布式能源、能源互联网等新业态加快兴起，新能源汽车等新兴产业迅速壮大，人人生产能源、人人消费能源的新形态逐渐形成。科技发展新趋势将促进电力行业的创新发展模式，深耕细作科技资源，把新能源等领域的技术优势转化为现实生产力，同时也为电力企业推进关键技术攻关、新技术应用和成果转化，加快专家人才队伍建设提供广阔平台。

3. 新能源政策实施，清洁低碳发展迎来良好契机

未来 10 年，随着我国《中国制造 2025》（国发〔2015〕28 号）和《关于推进"互联网＋"智慧能源发展的指导意见》（发改能源〔2016〕392 号）等战略的实施，我国煤炭行业将进入新的发展时期。绿色新能源的兴起将会逐步改变甚至颠覆传统的煤炭行业，使煤炭向价值链高端跃升，煤炭利用将向包括二氧化碳在内的近零污染排放方向发展，煤炭将成为我国绿色多元能源供应体系中的一员。同时国外的海上风电成本降低和建设经验表明其开发潜力巨大，而且许多新技术会随之涌现。电力企业必须抓住改革和科技革命带来的历史性机遇，重塑产业发展模式，发掘新的经济增长点和核心价值，开发新技术，从而战胜产能过剩、需求低迷等造成的严峻挑战。

4. 电力需求保持平稳增长，产业发展势头良好

2020 年，全社会用电量 75110 亿 kW·h，同比增长 3.1%。电力是现代经济的核心，随着国内工业化、城镇化的加速扩张和电动汽车的广泛推行，电力需求的增长速度也日益增大，是能源需求总量增速的两倍多。到 2040 年，电力在终端能源需求中占比将超过石油，而目前其占比不到石油的一半。与电力需求蓬勃发展相应的，发电企业经营状况有所改善，电力企业火电业务的总体盈利情况好于往年。电力产业发展势头良好呈稳步上升状态，电力企业应把握机会进一步稳固传统火电业务在当前背景下的重大作用。

2.1.2.4　困难挑战

1. 传统能源转型压力增大，煤电盈利更加困难

当前中国经济发展正步入经济结构调整期，全球产业结构由"工业经济"主导向"服务经济"主导的转变，电力、煤炭等行业面临重大调整，煤炭、电力等行业正进入过剩经济时代。这个时期正是我国开放煤炭市场的关键节点，煤炭开放的进度明显要影响我国行业市场，受国家调整能源结构、保护环境等因素的影响，煤炭在一次能源结构中的比重将会下降。国家将加快推进集中供热、煤改气、煤改电工程建设。京津冀、长三角、珠三角等区域将尽快完成燃煤电厂、燃煤锅炉和工业窑炉的污染治理设施建设与改造，煤炭能源消费总量比重将降低到65%，能源结构的转型的需求使得电力行业不得不将清洁能源作为发展的战略方向，这将向依靠传统能源发电的电力企业提出了严峻的挑战。

2. 难以平衡的电价问题

有关电价问题，在由国家制定目录电价的政策下，如果电价制定过低，将会影响电力企业的生产经营，影响社会对电力项目投资的积极性，最终影响电力的发展，电价制定太高，又会形成社会资金涌向电力项目，带来电力网络的重复建设，造成社会资源的极大浪费，同时也会产生垄断利润，对用电客户造成过高的负担，也不利电力企业加强内部管理、降低成本。在新一轮电价改革提出的代理购电政策下，从实际业务开展情况来看，如果电网企业代理购电价格长期低于售电公司售电价格，工商业用户则会继续保持电网代理购电而非直接参与电力市场，"推动工商业用户都进入市场"的电改目标可能会难以实现。合理的电价对电力企业和用电客户都是一种公正、公平的最好体现，但要实现真正的电价平衡还存在着很多挑战。

3. 电力需求侧的统筹管理

以往的电力规划更多是解决电力资源配置问题，以建电厂和输配电线路等供应侧资源为代表，需求侧用户几乎是被遗忘的市场主体，除了被动接受电力供应外，对电力系统的运行基本上无能为力，在电力规划中更未得到合理体现。在我国资源节约与环境保护双重约束的国情下，应及早变革规划思路，充分考虑需求侧调峰错峰和节能提效潜力，推行电力供应与需求紧密结合的综合资源规划办法。因此，需求侧资源如何纳入规划也面临着挑战。此外，电力企业还面临的主要挑战在于：企业应变能力的挑战；电力网络安全的挑战；应对电力市场的挑战；内部机制的挑战；法律政策环境的挑战；社会期待降低电价与要求电力企业提高服务质量的挑战；其他能源替代竞争的挑战等。

2.2　科技创新评价影响因素

科技创新与企业的经济发展息息相关，科技创新活动主要受到内部因素和外部因素的双重影响。外部因素与政策法规、市场环境等有关，缺乏可控性，无法直接调整，而内部因素与企业自身管理情况有密切关系，可以通过改善管理策略进行优化改变，影响科技创新的内部因素主要包括企业的科技创新投入、创新管理、创新成果以及创新绩效。

2.2.1　创新投入

创新投入是指企业科技创新活动中的投入资源的数量和质量。创新投入是技术创新的必要条件，也是创新过程的开端，只有投入足够的物质资本与人力资本，才能为创新提供丰富的资源条件。企业在开展科技创新时既有直接投入，也有间接投入。直接投入一般包括科技项目经费、购买设备费用等，是比较直观的能够准确计算的费用；间接投入指的是各水平科研人员参与创新研发、科研机构日常运行费用、人才培养教育费用等投入。科技创新投入属于企业投入的一部分，在计算科技创新投入时要准确界定科技创新投入的组成部分。

2.2.2　创新管理

科技创新管理主要由科技创新战略管理、科技创新机制的建立和运作以及科技创新过程管理三方面反映。

科技创新战略作为现代企业战略管理中的核心战略，其选择正确与否直接关系到企业在市场竞争中的命运。科技战略能力等级可以作为衡量科技创新的定性指标。科技创新机制主要包括企业的创新激励制度、知识产权管理制度、人才培养制度等。具体指标有创新激励成效等。科技创新过程管理指的是对科技创新项目的立项、实施、结题验收、后评价和成果转化的全过程进行系统管理，分析影响全过程管理的要素，如进度管理、质量管理、经费管理等，以此提高企业科技创新竞争力。主要由项目管理流程的流畅程度来进行衡量。

2.2.3　创新成果

科技创新成果即通过科技创新活动所产生的各种形式的成果，反映了企业的科技创新实力。主要从科技成果产出和成果转化两个方面体现。成果产出一般分为理论研究成果、软科学研究成果和应用技术成果。主要包括科技论文、专利、科技成果和技术。对科技成果产出的状况的判断主要是授权专利总数、授权发明专利总数、科技创新获奖、发表论文数量、技术标准数量等指标进行评价。成果转化是指成果在技术开发和产品开发的基础上，逐步商品化、产业化和国际化的次第发展过程，成果转化指标有创新产品销售比例和知识产权成果转化率等。

2.2.4　创新绩效

创新绩效指的是一方面集团公司通过科技创新活动产出的新技术、新产品的销售和转让等获取的经济效益，反映了集团公司科技创新的盈利水平，另一方面集团通过科技创新活动带来的能源消耗强度的降低、二氧化碳减排等惠及社会的社会效益。其中经济效益具体有创新产品销售/转让收入、创新产品创汇率、创新产品利税率。社会效益具体有技术市场交易额、每万元产值能源消耗强度降低率、相关产业的带动作用、二氧化碳减排量等。

2.3　科技创新指标梳理

根据企业现有指标体系，综合考虑了企业面临的政治环境、经济环境、社会环境和行业环境和内部优势、劣势和外部的机会和威胁，以及企业现阶段面临的战略目标任务，从企业战略目标为出发点，结合企业特点，梳理出创新投入、创新管理、创新成果和创新绩效四个维度的多层级指标池，其中包含了 4 个一级指标、8 个二级指标和 40 个三级指标，具体评价指标见表 2-1。

表 2-1　　　　　　　　　　企业科技创新评价指标池

一级指标	二级指标	三级指标	指标定义及计算方法
创新投入 A	投入资源 A1	科技活动投入总额 A11	指年度内用于科学研究与试验发展（R&D）、研究与试验发展（R&D）成果应用以及科技服务活动的实际经费支出
		研发投入总额 A12	指企业在产品、技术、材料、工艺、标准的研究、开发过程中发生的各种费用
		科研经费投入强度 A13	年度科研经费投入占年度营业收入的比重
		研发投入强度增长率 A14	本年度研发投入强度相对上一年度的增长率
		统筹研发经费出资 A15	年度内签订的统筹研发经费出资的合同总额
		国际合作投入比例 A16	在科技创新投入总额中，国际合作方面的投入占比
		外部引入科研经费 A17	年度内获得的各部委、地方政府、外部企业等资金支持合同总额
		人才当量密度 A18	指公司的人才组成结构
		科技活动人员投入强度 A19	年度直接从事科研人员数量占全体员工的比重
		科研设备设施投入强度 A20	本年度在科研设备设施方面的投入加上往年投入的科研设备设施折旧
	产学研合作 A2	产学研合作项目数量 A21	指建立在契约关系上的，企业与高等学校、科研院所在风险共担、互惠互利、优势互补、共同发展的机制下开展的合作创新成立的科技项目
		产学研合作项目支出比例 A22	指产学研合作项目投入占科技创新总投入的比重
		产业技术创新战略联盟参与度 A23	指集团公司参加产业技术创新战略联盟的程度

续表

一级指标	二级指标	三级指标	指标定义及计算方法
创新投入 A	创新平台 A3	独立设立科研机构数量 A31	指公司自主成立的科研机构级别和数量
		共建科研机构数量 A32	指公司与国内外其他组织共同成立的科研机构级别和数量，按照科研机构级别，采用加权法计算
		承担科技计划项目/课题数量 A33	指本年度公司承担的科技计划项目/课题数量
		标准化组织参与程度 A34	指公司参与国内外标准化组织的程度
		认定为高新技术企业的个数 A35	指公司被认定为高新技术企业的个数
		专利拥有总量 A36	指企业目前专利拥有的总数量
创新管理 B	创新管理 B1	科技战略管理能力 B11	指公司根据发展目标，制定的战略体系和制度的完善度，以 100 分为满分。评分标准：①是否制定了科技发展战略规划；②是否滚动修编来科技战略规划；③科技战略规划的完成水平
		项目管理流程流畅程度 B12	指公司项目管理制度体系的完善程度和项目计划完成情况。评分标准：①是否具有完备的机构和制度体系；②项目计划完成情况（包括时间进度和经费使用情况）
		专利开发率 B13	指科技项目申请专利的比例
		创新激励成效 B14	指企业根据外部环境和内部条件，为实现企业技术创新战略，制定的相应的激励措施
创新成果 C	成果产出 C1	授权专利总数 C11	公司年度获得授权的专利数量
		授权发明专利总数 C12	公司年度获得授权的发明专利数量
		科技创新获奖 C13	指公司在进行科技创新活动中获得的各类奖项
		发表论文数量 C14	指公司在进行科技创新活动中发表的各类论文
		技术标准数量 C15	指公司在进行科技创新活动中主持或参与的技术标准
		新增科技人才评定数 C16	指统计期内新增纳入国资委年度科技情况调查的国家级/省部级特殊人才和纳入上级单位相关人才计划的人才当量得分

续表

一级指标	二级指标	三级指标	指标定义及计算方法
创新成果 C	成果产出 C1	开发新产品项数 C17	指企业年度开发新产品项数
	成果转化 C2	创新产品销售比例 C21	指公司的创新产品销售收入在总销售收入中的比重
		知识产权成果转化率 C22	指公司科技成果转化程度，科技成果包括专利、软件著作权、科研成果、专有技术等
创新绩效 D	经济效益 D1	创新产品销售、转让收入 D11	指公司通过创新产品的销售、科技成果转让等带来的收入
		创新产品节税额 D12	指公司通过高新技术企业节税、研发费用加计扣除得到的利润红利
		创新产品创汇率 D13	指公司的创新产品在国外市场的销售收入占总销售收入的比重
		创新产品利税率 D14	计算方法：(利润总额＋销售税及附加)/量产的新技术产品的销售收入
	社会效益 D2	技术市场交易额 D21	指公司在技术市场上交易总额
		每万元产值能源消耗降低率 D22	指公司年度能耗下降比率
		二氧化碳减排量 D23	指公司年度二氧化碳减排量
		相关产业的带动作用 D24	指公司通过科技创新，由于行业技术进步、产品更新换代等对上中下游产业起到的带动作用，反映科技创新能够对行业科研、装备等各方面所产生的作用及影响

2.4　本章小结

本章首先对电力企业创新发展的环境进行了详细分析。采用 PEST 分析，从当前政治环境、经济环境、社会环境、行业环境以及科技创新环境五个部分对电力企业外部的发展环境进行了分析；采用 SWOT 分析从核心优势、主要短板、重大机遇和困难挑战四个方面对电力系统内部的创新环境分析。

　　然后基于发展环境的分析，从创新投入、创新管理、创新成果和创新绩效四个方面列举并分析企业科技创新评价的影响因素，并在此基础上梳理企业科技创新评价指标，形成指标池。

第3章　科技创新对企业发展影响机理研究

科技创新是国家的战略要求，对国家和企业发展具有重要的推动作用。那么在电力行业企业中，科技创新是如何对其发展产生影响的？本章的研究内容就是围绕这一问题展开。

本章以理清科技创新对企业发展的影响机理为目标，以 2.3 节所整理的指标池为基础，进行评价指标的约简，筛选出携带信息量较大的指标，进而进行指标间相关关系分析，以期选择出有代表性的指标并简洁明晰地展现出科技创新具体指标对于企业发展的影响方式。

3.1　科技创新评价指标体系约简

3.1.1　指标筛选方法原理

1. 互信息理论

变量间的线性相关性可以通过线性相关系数（皮尔逊相关系数）来进行度量，而互信息则是基于信息熵的概念，提出的适应性更加广泛的变量相关性度量准则。

下面介绍一些互信息理论中重要的概念，以便后续方法介绍。

信息熵用于描述一个随机变量的不确定程度，对于一个离散型随机变量 X，其熵定义为

$$H(x) = -\sum_{x \in X} p(x) \log p(x) \qquad (3-1)$$

式中：$p(x)$ 为随机变量 X 的概率分布函数，约定 $0\log 0 = 0$。

联合熵 $H(X, Y)$ 描述了两个随机变量 X，Y 组成的随机系统的不确定程度，计算公式为

$$H(X,Y) = -\sum_{x \in X} \sum_{y \in Y} p(x,y) \log p(x,y) \qquad (3-2)$$

式中：$p(x,y)$ 表示变量 X，Y 的联合概率密度函数。

条件熵 $H(Y|X)$ 描述在已知随机变量 X 的条件下随机变量 Y 的不确定性，计算公式为

$$H(Y \mid X) = -\sum_{x \in X} \sum_{y \in Y} p(x,y) \log p(y \mid x) \qquad (3-3)$$

式中：$p(y|x)$ 表示变量 y 关于 x 的条件分布函数。

互信息在熵的基础上，描述了两个变量 X，Y 之间关系的强弱，是一种应用范围更为广泛的变量相关性度量准则。它描述了知道两个变量其中之一，对另一个变量不确定性减少的程度。给定两个连续随机变量 X 和 Y，则互信息定义为

$$I(x;y) = \iint p(x,y) \log \left[\frac{p(x,y)}{p(x)p(y)} \right] \mathrm{d}x \mathrm{d}y \qquad (3-4)$$

式中：$p(x)$、$p(y)$ 分别为变量 X、Y 的边缘概率密度函数；$p(x,y)$ 为 X 和 Y 的联合概率密度函数。

在离散型随机变量的情形下，互信息为

$$I(X,\dot{Y}) = \sum_{y \in Y} \sum_{x \in X} p(x,y) \log \left[\frac{p(x,y)}{p(x)p(y)} \right] \qquad (3-5)$$

2. 最大相关最小冗余（mRMR）

指标体系约简的关键步骤就是进行关键因素识别，即从收集到的所有数据特征中选择出尽可能多的反映原有数据信息的特征子集，从而提高模型的效率和可理解性。经典的特征选取定义为：依据某种准则，从包含 N 个特征的集合中选出包含 M 个特征的子集（$M \leqslant N$），从而达到降维的目的。

最大相关最小冗余（mRMR）是一种滤波式的特征选择方法，由 Peng 等提出。由于常用的特征选择方法是最大化特征与分类变量之间的相关度，就是选择与分类变量拥有高相关度的前 k 个变量。但是，在特征选择中，单个好的特征的组合并不能增加分类器的性能，因为有可能特征之间是高度相关的，这就导致了特征变量的冗余。因此最终有了 mRMR，即最大化特征与分类变量之间的相关性，而最小化特征与特征之间的相关

性，这就是 mRMR 的核心思想。

在介绍 mRMR 的具体实施步骤之前，我们先介绍一些基本概念：

最大相关性，公式为

$$\max D(S,c), D = \frac{1}{|S|} \sum_{x_i \in S} I(x_i, c) \qquad (3-6)$$

式中：x_i 表示第 i 个特征；c 为特征分量；S 为特征子集；$I(x_i, c)$ 表示特征 i 和特征分量 c 之间的互信息。

最小冗余度，公式为

$$\min R(S), R = \frac{1}{|S|^2} \sum_{x_i, x_j \in S} I(x_i, x_j) \qquad (3-7)$$

式中：$I(x_i, x_j)$ 表示特征 i 与特征 j 之间的互信息。

mRMR 的特征选择标准包括信息差 $\max\phi(D, R)$、信息熵 $\max\phi_1(D, R)$，计算公式为

$$\phi = D - R \qquad (3-8)$$

$$\phi_1 = \frac{D}{R} \qquad (3-9)$$

在实践中，基于最大相关最小冗余原则，我们采用增量搜索的方法寻找近似最优的特征。假设我们已有特征集 S_{m-1}，我们的任务就是从剩下的特征 $X - S_{m-1}$ 中找到第 m 个特征，则第 m 个特征可以通过如下算子来进行搜索：

$$\Delta_{mid} = \max_{x_j \in X - S_{m-1}} \left[I(x_j, c) - \frac{1}{m-1} \sum_{x_i \in S_{m-1}} I(x_j, x_i) \right] \qquad (3-10)$$

$$\Delta_{miq} = \max_{x_j \in X - S_{m-1}} \left[\frac{I(x_j, c)}{\frac{1}{m-1} \sum_{x_i \in S_{m-1}} I(x_j, x_i)} \right] \qquad (3-11)$$

3.1.2　关键因素识别

基于上述方法，结合电力行业内 39 家企业的科技创新指标数据，进行科技创新关键指标的识别分析，获得携带信息较多、分类效果较好的 15 项评价指标。具体操作如下：

（1）依据《中华人民共和国国民经济和社会发展第十四个五年规划和 2035 年远景目标纲要》《电力行业"十四五"发展规划研究》等相关文件中对电力企业提出的发展规划与要求，总结电力企业在未来一段时间内发展的战略目标，并以战略目标的具体体现对其进行解释说明，见表 3-1。

表 3-1　　　　　　　　　　电力企业发展战略目标及具体体现

战略目标	具 体 体 现
科技创新能力	新产品、新技术、新模式、新理念产出水平
服务品质	工作人员态度及效率、产品质量及售后、民众满意度
企业治理	制度是否完备、管理是否科学、员工满意度
新能源发展	可再生能源投入使用情况
文化软实力	企业文化自信
国际竞争力	管理国际化、生产国际化、销售国际化、融资国际化、服务国际化和人才国际化水平
数字化程度	企业设备数字化水平、自动化程度

（2）为获得指标分类标准，需依据表 3-1 中每项战略目标的具体体现对所选取的 39 家企业的发展现状进行评定，评定方式采用专家打分法。对打分结果进行权重归一化，得到每个企业的综合得分。划定等级划分标准，将电力企业在响应发展战略方面的综合实力划分为五个等级，见表 3-2。

表 3-2　　　　　　　　　　电力企业综合实力等级划分标准

等级	等级划分标准（得分区间）
1	＞7
2	6～7
3	5～6
4	2.5～5
5	＜2.5

按照表 3-2 确定的等级划分标准，将 39 家企业进行分类，分类结果见表 3-3。将分类结果作为企业综合实力强弱标准，并以此作为 mRMR 的指标识别依据。

表 3-3　　　　　　　　39 家电力企业得分及分类结果

企业	1	2	3	4	5	6	7	8	9	10	11	12	13
得分	2.94	2.73	1.92	7.92	3.57	2.15	8.17	2.8	3.69	1.41	7.26	3.41	8.03
等级	4	4	5	1	4	5	1	4	5	1	4	1
企业	14	15	16	17	18	19	20	21	22	23	24	25	26
得分	5.31	7.38	2.99	1.82	2.64	1.71	2.33	7.82	3.60	6.57	6.88	5.50	2.68
等级	3	1	4	5	4	5	4	1	4	2	2	3	4
企业	27	28	29	30	31	32	33	34	35	36	37	38	39
得分	7.89	3.03	2.73	1.92	6.88	7.00	7.93	3.81	2.14	7.63	3.07	3.65	3.63
等级	1	4	4	5	2	2	1	5	1	4	4	4

（3）整合已有的企业科技创新指标数据以及对应企业的等级类别，得
到最终的实验数据。将整合好的实验数据通过 mRMR 方法进行指标约简，
度量原则选取 Δ_{mid}，得出分类效果最好的 15 项特征，具体见表 3-4。

表 3-4　　　　　　　　mRMR 特征提取结果

指　标	指　标　解　释	重要性
科技活动投入总额	年度用于 R&D、R&D 成果应用及科技服务活动的经费支出	6
科研经费投入强度	年度科研经费占营业收入比重	7
人才当量密度	公司人才组成结构	8
产学研合作项目数量	与高等院校、科研院所开展的合作创新科技项目	1
产学研合作项目支出比例	产学研合作投入占科技创新总投入比重	4
承担科技计划项目/课题数量	本年度承担的科技计划项目/课题数量	10
科技战略管理能力	公司根据发展目标，制定战略体系、制度的完善度	3
创新激励成效	为实现科技创新	13
授权专利总数	年度获得授权专利数量	14
科技创新获奖	科技创新活动中所获各类奖项数量	12
发表论文数量	科技创新活动中发表的各类论文数量	9
技术标准数量	科技创新活动中主持或参与的技术标准数量	15

指　标	指　标　解　释	重要性
知识产权成果转化率	科技成果转化程度	11
创新产品销售、转让收入	创新产品的销售、科技成果转让等带来的收入	2
技术市场交易额	公司在技术市场上交易总额	5

3.2　科技创新评价指标体系层次结构

3.2.1　DEMATEL－ISM 原理

1. 决策实验室（DEMATEL）

决策实验室（decision－making trial and evaluation laboratory，DE-MATEL），最早由美国 Battelle 实验室的学者 A. Gabus 和 E. Fontela 在一次日内瓦会议上提出，是一种综合运用图论和矩阵工具的系统分析方法，其目的是了解现实世界复杂问题各要素间的结构关系。通过系统中各要素之间的逻辑关系和直接影响矩阵，可以计算出每个要素对其他要素的影响度以及被影响度，从而计算出每个要素的原因度与中心度，作为构造模型的依据，从而确定要素间的因果关系和每个要素在系统中的地位。其具体实施步骤如下：

（1）从研究目的出发，确定研究指标或元素，量化各元素之间的相互关系，从而得到直接影响矩阵。

直接影响矩阵的获得是 DEMATEL 方法中最重要的一环。由于该方法将现实问题看成一个系统中各元素之间关系的相互影响，因此确定系统所包含的元素以及各元素之间的关系显得尤为重要，这也关乎到直接影响矩阵构建的合理性和实用性。DEMATEL 中直接影响矩阵建立的具体步骤如下：

1）所分析系统各个要素的确定。

2）要素之间的二元关系的确定。通常是两两比较。其中要素 S_i 跟要素 S_j 要比较两次，分别是要素 S_i 对要素 S_j 的直接影响；要素 S_j 对要素

S_i 的直接影响。对于整个系统来说存在 n 个要素则要比较 $n(n-1)$ 次。而要素自身则不需要比较，即矩阵的对角线上的值通常用 0 来表示。

3）关系强弱的度量。基本方法有：客观精确度量，如长度，宽度等物理量；10 级度量，即取值为 0～9；5 级度量，即取值为 0～4；模糊度量，即 {没有，较小，一般，较大，非常大}、{无，很弱，正常，较强，很强} 等形式。

4）根据元素以及元素关系得到直接影响矩阵 $M = (a_{ij})_{n \times n}$，具体形式为

$$M = \begin{vmatrix} a_{11} & a_{12} & \cdots & a_{1n} \\ a_{21} & a_{22} & \cdots & a_{2n} \\ \vdots & \vdots & \ddots & \vdots \\ a_{n1} & a_{n2} & \cdots & a_{nn} \end{vmatrix} \quad (3-12)$$

式中：a_{ij} 表示元素 S_i 对 S_j 的直接影响大小。

（2）通过归一化，得到规范直接影响矩阵。

归一化是对事物标准化的常规操作，有利于提升问题求解速度。常用的归一化公式众多，本节选取应用最为广泛的一种。根据矩阵 M 求得值 Maxvar，公式为

$$\text{Maxvar} = \max \left(\sum_{j=1}^{n} a_{ij} \right), \quad i = 1, 2, \cdots, n \quad (3-13)$$

上式即为对 M 每行加和求最大值，由此定义规范直接影响矩阵 N，计算公式为

$$N = \left(\frac{a_{ij}}{\text{Maxvar}} \right)_{n \times n} \quad (3-14)$$

（3）由规范直接影响矩阵计算得到综合影响矩阵 T，计算公式为

$$T = (N + N^2 + N^3 + \cdots + N^k) = \sum_{k=1}^{\infty} N^k \rightarrow T = N(I-N)^{-1}$$

$$(3-15)$$

式中：N^k 表示各要素间增加的间接影响；I 为与 N 同阶的单位矩阵；$(I-N)^{-1}$ 为 $(I-N)$ 的逆矩阵；综合影响矩阵 T 中的元素 t_{ij} 表示元素 S_i 对 S_j 的综合影响程度。

（4）由综合影响矩阵 T 计算得到各个要素的影响度、被影响度、中心

度、原因度。

　　影响度、被影响度、中心度与原因度是四种度量要素在系统里影响程度的重要准则。影响度表示系统中某一要素对所有其他要素的综合影响值，记为 D；被影响度表示系统中某一要素受到所有其他要素的综合影响值，记为 C；中心度表示某一要素在系统中的位置及其所起作用的大小，记为 M；原因度反映某一要素在系统中的因果关系，若值大于 0，表明该要素对其他要素影响大，称为原因要素；反之，称为结果因素，记为 R。具体计算公式为

$$D = (D_1, D_2, D_3, \cdots, D_n)$$

$$D_i = \sum_{j=1}^{n} t_{ij}, \quad (i = 1, 2, 3, \cdots, n) \tag{3-16}$$

$$C = (C_1, C_2, C_3, \cdots, C_n)$$

$$C_i = \sum_{j=1}^{n} t_{ji}, \quad (i = 1, 2, 3, \cdots, n) \tag{3-17}$$

$$M_i = D_i + C_i \tag{3-18}$$

$$R_i = D_i - C_i \tag{3-19}$$

　　对中心度进行归一化，得到各要素的权重情况，并将中心度或原因度情况进行图形展示，如"中心度—原因度图""影响度—被影响度图"，并作出解释，根据实际情况进行进一步的处理，如去除非核心要素，与解释结构模型（ISM）等系统方法联用。图 3-1 展示了 DEMATEL 方法得出的中心度—原因度图。

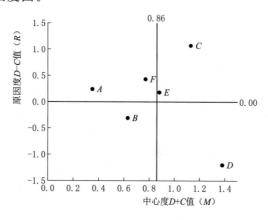

图 3-1　中心度—原因度图

如图 3－1 所示，横坐标表示中心度，纵坐标表示原因度，平行于横纵坐标分别做两条参考线，两条线分别为中心度的平均值 $M＝0.86$ 和原因度 $R＝0$；两条参考线相互垂直构成四个分区，由右上角的分区逆时针依次标记为分区一、二、三、四，四个分区的意义说明见表 3－5。

表 3－5　　　　　　　　　中心度—原因度图各分区含义

分区	说　　　明
分区一	中心度大于均值，原因度大于 0，要素重要程度较高，为原因要素
分区二	中心度小于均值，原因度大于 0，要素重要程度较低，为原因要素
分区三	中心度小于均值，原因度小于 0，要素重要程度较低，为结果因素
分区四	中心度大于均值，原因度小于 0，要素重要程度较高，为结果因素

由于 DEMATEL 通常会进行要素分析，而判断核心要素和非核心要素的一个原则就是中心度，因此可以对中心度进行阈值设置，从而达到取出非核心要素，得到系统核心影响要素的目的。此外，DEMATEL 方法还常用于同其他系统结构分析方法结合使用，提高分析的准确性和扩展性。

2. 解释结构模型（ISM）

解释结构模型法（interpretative structural modeling method，ISM），是美国 J. 华费尔特教授于 1973 年作为分析复杂的社会经济系统有关问题开发的一种方法。其特点是把复杂的系统分解为若干子系统（要素），利用人们的实践经验和知识，以及电子计算机的帮助，将系统构建成为一个多级递阶的结构模型，从而将混乱无序的系统转化为形象的、具有结构关系的模型，以便分析这些关键要素之间的结构关系，并能准确找到解决问题的关键要素。具体实施步骤如下：

（1）确定系统构成要素。设一个由 n 个要素构成的系统，其要素集为 X，其中 $X＝(S_1,S_2,\cdots,S_n)$，S_i 为第 i 个要素（$i＝1,2,\cdots,n$）。

（2）邻接矩阵的建立。邻接矩阵是指用矩阵形式来描述有向连接图各节点之间是否能够直接影响（邻接矩阵是指用矩阵形式来描述各元素间连接状态），设邻接矩阵为 A，其公式表示为

$$A = \begin{bmatrix} a_{11} & \cdots & a_{1j} & \cdots & a_{1n} \\ \cdots & \cdots & \cdots & \cdots & \cdots \\ a_{i1} & \cdots & a_{ij} & \cdots & a_{in} \\ \cdots & \cdots & \cdots & \cdots & \cdots \\ a_{n1} & \cdots & a_{nj} & \cdots & a_{nn} \end{bmatrix} \qquad (3-20)$$

其中

$$a_{ij} = \begin{cases} 1 & \text{要素 } S_i \text{ 直接影响 } S_j \\ 0 & \text{要素 } S_i \text{ 不能直接影响 } S_j \end{cases} \qquad (3-21)$$

（3）可达矩阵的建立。可达矩阵是指用矩阵形式来描述有向连接图各节点之间经过一个或多个单位长度的通路可以最终到达的程度。设可达矩阵为 M，其可通过如下过程对邻接阵 A 进行运算得到，计算如下：

$$(A+I) \neq (A+I)^2 \neq \cdots \neq (A+I)^k = (A+I)^{k+1} (k \leqslant n-1) \qquad (3-22)$$

此时有 $M = (A+I)^k$ 成立。其中 I 为与 A 同形的单位矩阵。

（4）可达矩阵的区域分解。所谓区域分解就是把系统的总要素分解成几个相互无联系的区域。在可达矩阵中，可以将因素在系统中的不同位置划分为可达性集合 $L(S_i)$ 和前项集合 $D(S_i)$。$L(S_i)$ 包括因素 S_i 可以到达的所有因素集合，从可达矩阵上看 $L(S_i)$ 是第 i 行出现 1 的相应列所对应的所有因素构成的集合；$D(S_i)$ 是第 i 列出现 1 的相应行所对应的所有因素构成的集合，用数学通式表示为：

$$L(S_i) = \{S_j \mid a_{ij} = 1, S_j \in S\} \qquad (3-23)$$

$$D(S_i) = \{S_i \mid a_{ij} = 1, S_i \in S\} \qquad (3-24)$$

由集合概念知，$L(S_i) \bigcap D(S_j)$ 表示 $L(S_i)$ 和 $D(S_i)$ 中共有的因素组成的集合，可以知道这些因素节点间具有双向传递通路。数学公式如下：

$$T = \{S_i \mid S_i \in S, S_i \in L(S_i) \bigcap D(S_j)\} \qquad (3-25)$$

假设有属于共同集合的两因素 S_i 和 S_j 如果满足 $L(S_i) \bigcap L(S_j) \neq \varPhi$ 则可以判断因素 S_i 和 S_j 属于同一区域，反之如 $L(S_i) \bigcap L(S_j) = \varPhi$ 则可以判断因素 S_i 和 S_j 分别属于相对独立的两个区域。经过如此运算后便将可达矩阵分为了几个相互独立的区域。可以写成 $\pi(S) = P_1, P_2, \cdots, P_m$（$m$ 为分区数目）。

（5）可达矩阵区域分级。所谓区域分级就是把在同一区域内的因素进行分级处理。

设 $L_0, L_1, L_2, \cdots, L_k$ 为区域内因素分级集合，i 为级数，令 $L_0 = \Phi$，$j = 1$，按以下步骤反复进行运算。

1）令：

$$L_j = \{ S_i \mid S_i \in (P_0 - L_0 - L_1 - \cdots - L_{j-1}) / L(S_i) \bigcap D(S_i) = L(S_i) \} \tag{3-26}$$

即凡是不能达到系统中其他因素的因素，称为第一级因素，即在一个多级结构的最上一级的单元，没有更高的级可以达到。

2）如此循环往复，如果 $\{P_0 - L_0 - L_1 - \cdots - L_{j-1}\} = \Phi$ 时，则将 $j+1$ 当作 j 返回步骤1）重新进行运算，并将最后的结果写成：$P = \{L_1, L_2, \cdots, L\}$。其中：$L_1$ 表示第一级因素总和，L_2 表示第二级因素总和。

（6）根据调整后的可达矩阵建立系统层级结构图，并根据相关理论知识判断系统层级关系与实际情况是否存在严重的不符，若存在明显的错误则返回第二步重新确定系统因素间的邻接关系。

3. DEMATEL–ISM 联合模型

决策实验室法能够找出元素在系统中的重要程度并判断元素的相对属性（属于原因因素或是结果因素），但是无法了解所有元素的结构关系，而解释结构模型恰能弥补这一缺陷，帮助构建元素间的层次关系。通过将两种方法结合，可以分析出整个系统内部元素间的相互影响关系，从而同时获得元素间的层级结构关系及元素间的相互作用关系。DEMATEL–ISM 联合方法示意图如图 3–2 所示，具体步骤如下：

（1）依照上文所述 DEMATEL 方法得到综合影响矩阵 T。

（2）由综合影响矩阵 T 计算得到各个要素的影响度、被影响度、中心度、原因度，并绘制因果关系图，即中心度—原因度图，进行因果关系分析。

（3）确定布尔关系矩阵。通过引入阈值 λ 用于剔除因素间影响程度小的关系，便于后续层级划分。λ 的取值基于数据情况给出，可取 T 中所有元素的均值或均值与标准差的加和。通过式（3–30）对矩阵 T 的元素进行处理，得到布尔关系矩阵 $\boldsymbol{A} = (a_{ij})_{n \times n}$：

$$a_{ij} = \begin{cases} 1, & t_{ij} \geqslant \lambda \\ 0, & t_{ij} < \lambda \end{cases} \tag{3-27}$$

确定可达矩阵 R，计算：

$$(A+I)\neq(A+I)^2\neq\cdots\neq(A+I)^k=(A+I)^{k+1}(k\leqslant n-1) \qquad (3-28)$$

此时有 $R=(A+I)^k$ 成立。其中 I 为与 A 同形的单位矩阵；$k+1\leqslant n$。

（4）对可达矩阵进行区域划分和层级分解，通过缩点、缩边、再增点的流程获得一般性骨架矩阵，结合一般性骨架矩阵及层级划分结果得到最简拓扑层级图。

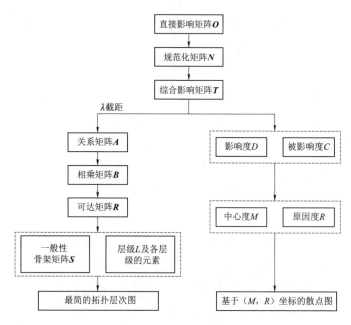

图 3-2　DEMATEL-ISM 联合方法示意图

3.2.2　系统关键因素层级结构及相互作用关系

基于本章上述章节对于电力企业战略目标的分析整理以及对于科技创新评价指标池的梳理与约简，本部分运用 DEMATEL-ISM 联合方法，通过分析关键因素之间的相互作用关系，探究科技创新对企业发展的影响机理。

1. 确定分析指标

以"企业发展"作为分析的目标因素（F1），对包含目标因素在内共23 个因素的指标体系进行层级结构及相互作用关系分析。其他因素包含从电力企业战略目标中筛选出与科技创新密切相关的"国际竞争力""新能源发展"和"科技创新能力"，科技创新评价指标池一级指标"创新投入"

"创新管理""创新成果"和"创新绩效",以及上述章节所识别出的 15 项关键因素,具体因素见表 3-6。

表 3-6　　　　　科技创新对企业发展影响分析指标体系

编码	影　响　因　素	因　素　说　明
F1	企业发展	目标因素
F2	国际竞争力	与科技创新密切相关的电力企业战略目标
F3	新能源发展	
F4	科技创新能力	
F5	创新投入	能够对科技创新活动进行完整描述的因素
F6	创新管理	
F7	创新成果	
F8	创新绩效	
F9	科技活动投入总额	经过指标约简,从科技创新评价指标池中识别出的关键因素
F10	科研经费投入强度	
F11	人才当量密度	
F12	产学研合作项目数量	
F13	产学研合作项目支出比例	
F14	承担科技计划项目/课题数量	
F15	科技战略管理能力	
F16	创新激励成效	
F17	授权专利总数	
F18	科技创新获奖	
F19	发表论文数量	
F20	技术标准数量	
F21	知识产权成果转化率	
F22	创新产品销售、转让收入	
F23	技术市场交易额	

2. 获得直接影响矩阵

通过各因素之间两两比较，结合电力行业特点，确定直接影响矩阵。由于影响程度的比较具有模糊性，无法采用精确的度量方法，因此采用最为常见的 5 级标度法来度量各因素之间影响的强弱关系。专家评价语义标度见表 3 - 7。

表 3 - 7　　　　　　　　　专家评价语义标度定义

语义变量	没有影响	较小影响	一般影响	较强影响	强烈影响
标度	0	1	2	3	4

根据专家评定意见，获得直接影响矩阵。通过归一化原始关系矩阵（即直接影响矩阵），得到规范直接影响矩阵。进而由规范化直接影响矩阵，计算得到综合影响矩阵。由于篇幅受限，不一一展示运算过程中的各个矩阵。

3. 层级划分及各层级元素

在计算获得综合影响矩阵以后，先沿图 3 - 2 左支所展现的过程依次计算。由综合影响矩阵所有元素平均值及标准差加和计算得出阈值 λ，取值为 0.12，以此为标准确定关系矩阵，并进一步计算得出可达矩阵。由可达矩阵按照结果优先的方式进行元素的逐层提取与层级划分，提取结果见表 3 - 8。

表 3 - 8　　　　　　　　　结果优先层级划分结果

层级	层　级　元　素
L1	F1
L2	F2、F3、F4、F7
L3	F5、F6、F8、F18、F23
L4	F9、F11、F12、F15、F17、F22
L5	F10、F13、F14、F19、F21
L6	F16、F20

从层级划分结果可以见得，整个指标体系 23 个元素共分为 6 个层级，其中企业发展（F1）作为目标因素，单独位于第一层级；创新成果（F7）

与作为企业发展的战略目标的 F2、F3、F4 位于层级系统的第二层，足以见得科技创新成果这一指标在整个分析系统中的有着较高的中心度，对于促进企业发展起着重要作用；创新投入（F5）、创新管理（F6）、创新绩效（F8）与 F18、F23 同属于第三层级，剩余所识别出的关键因素分属于第 4～6 层级。

4. 绘制最简拓扑层次图

由于因素之间的影响关系错综复杂，难以直观清晰地展现出来，因此引入最简拓扑层次图展现系统内最基本的关联，层级划分结果与一般性骨架矩阵结合可获得最简拓扑层次图，绘图关键在于获得一般性骨架矩阵。依次对可达矩阵进行缩点、缩边、增点，去除重复回路，保留基础回路，获得一般性骨架矩阵，结合层级划分结果绘制多级递阶结构模型图（图 3-3）。

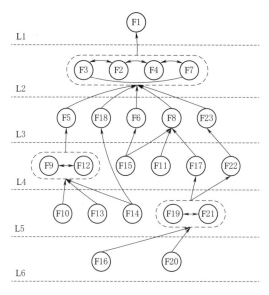

图 3-3 最简拓扑层次图

多级递阶结构图中各因素之间存在有向箭线，表示因素之间存在着因果关系。在结果优先的层级系统中，箭头是原因，箭尾指向结果。部分因素之间存在双向箭线，它们紧密连接独立形成回路，互为因果关系，表现在可达矩阵中，同组元素对于其他元素具有相同的影响与被影响关系，在运算过程中可以被缩减成一个因素点进行后续计算。从图 3-3 中可以看出，科技创新对企业发展影响因素系统中存在三组这样具有强相关性的回

路：{国际竞争力 F2、新能源发展 F3、科技创新能力 F4、创新成果 F7}、
{科技活动投入总额 F9、产学研合作项目数量 F12}、{发表论文数量 F19、
知识产权成果转化率 F21}。

5. 绘制散点图

在计算获得综合影响矩阵以后，沿图 3－2 右支所展现的过程依次计
算。计算获得影响度与被影响度，并进一步计算得出中心度与原因度。以
中心度为横轴、原因度为纵轴绘制原因度—中心度散点图，如图 3－4
所示。

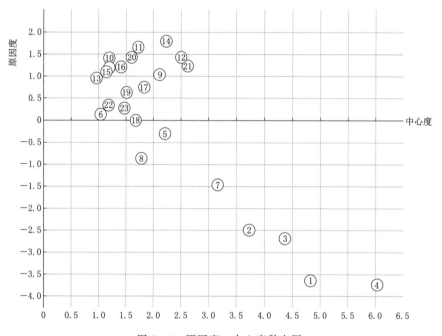

图 3－4 原因度—中心度散点图

原因度反应因素的原因结果属性，正值为原因因素，数值越大越容易
对其他因素产生影响，负值为结果因素，其绝对值越大被影响程度越大。
中心度是度量因素中心性的指标，其数值越大，越趋近于系统核心。由图
3－4 可以看出该系统的 23 个因素由左上角至右下角分布于坐标系中，所
表达的指标原因度与中心度信息与层级划分相符，值得注意的是，由于所
分析的内容为科技创新对企业发展的影响，因素来自于科技创新评价指标
池，因此在中心度的分析上，因素科技创新（F4）具有较高的中心度。

3.3　本章小结

本章基于第 2 章所梳理出的科技创新评价指标进行进一步的约简与分析。

首先，简要介绍本章将采用的互信息理论及最大相关最小冗余指标筛选准则，整理国家发展规划对电力行业企业提出的要求，并以此为依据对科技创新评价指标池进行指标筛选，识别出携带信息较多、分类效果更好的关键指标。

然后，分离科技创新相关战略目标，将其与科技创新评价指标池一级指标以及经过指标筛选分离出的关键因素综合，建立科技创新对企业发展影响分析指标体系，运用 DEMATEL - ISM 联合方法，通过分析关键因素之间的相互作用关系，探究科技创新对企业发展的影响机理。

第4章 科技成果价值评估

科技成果是人们在科学技术活动中通过复杂的智力劳动所得出的某种被公认的学术或经济价值的知识产品，是广大科技工作者聪明才智的结晶，是检验科技工作绩效的重要指标，是提高企业及国家竞争力的重要保证。科学、客观和准确的评价科技成果对调动科技人员积极性、促进科技发展具有重要作用，建立一套有效科学的科技成果评价体系是客观、合理地评价科技成果的关键。

4.1 科技成果价值评估指标体系

科技成果价值评价指标体系是科学、合理、公正地评价科技成果的重要保证，价值评价指标体系构建应坚持以科技创新质量、绩效、贡献为核心，全面准确反映成果创新水平、转化应用绩效和对经济社会发展的实际贡献，着力强化成果高质量供给与转化应用的评价导向；坚持科学分类、多维度评价，开展多层次差别化评价，提高成果评价的标准化、规范化水平。建立一个符合科学规律的科技成果价值评价体系，对科技成果进行合理、定量和科学的评价，对于企业更好地激发科技人员的工作积极性，加快科技成果的推广应用速度具有现实的意义。

科技成果价值评价主要包括技术水平评价和经济价值评价两方面。技术水平是科技成果在理论、方法、技术和工艺等方面所具备科技水平的体现，以科学性、创新性和先进性为综合表征。经济价值是指科技成果的转化、推广应用价值，由技术可行性、知识产权、市场效果、经济效益和社会效益予以表征。

为便于建立评价指标体系，分析科技成果本质特点，将科技成果整合分成两大类，一是应用基础研究类科技成果，二是技术开发类成果。本节将针对两类科技成果分别建立评价指标体系。

4.1.1　应用基础研究类成果评估指标

应用基础研究类成果是指在基础研究领域发现自然现象、揭示科学规律和提出学术观点等方面做出重要发现和重大创新的科技成果。

应用基础研究类成果综合评价从以下五个维度进行评价，具体评价等级见表4－1。

表 4 - 1　　应用基础研究类成果评价指标等级划分

指　标	权重	等　级	划　分　依　据
技术自主创新程度	30%	第一等级	全部为自主创新技术或有关键技术突破，且该项突破为前人尚未掌握
		第二等级	大部分为自主创新技术或有主要技术创新，主要技术为前人尚未掌握
		第三等级	个别或少部分为自主创新技术或有一般技术改进，部分技术为前人尚未掌握
技术应用和成果转化程度	15%	第一等级	（1）成果转化程度高，市场需求度高； （2）成果技术成熟
		第二等级	（1）成果转化程度较高，市场需求度较高； （2）完成基础性研究，并经过相关工程、试验验证
		第三等级	（1）进一步开发后可实际应用，有一定市场需求； （2）完成基础研究，主要内容得到仿真验证
对电力企业技术进步和产业发展的贡献程度	25%	第一等级	（1）显著促进电力企业技术进步，提高企业在国际市场竞争优势； （2）为推动多个专业的发展起到重要作用； （3）显著推动国家产业升级、带动行业发展，社会效益显著
		第二等级	（1）推动电力企业技术进步作用明显，提高企业在国内市场竞争优势； （2）为推动本专业的发展起到重要作用； （3）明显推动国家产业升级、带动行业发展，社会效益较大

指　标	权重	等级	划　分　依　据
对电力企业技术进步和产业发展的贡献程度	25%	第三等级	（1）对电力企业技术进步推动作用一般，可提高企业竞争能力； （2）为推动本专业的发展起到一定作用； （3）推动国家产业升级、带动行业发展作用一般，社会效益一般
经济价值	10%（经济效益绝对值）	第一等级	经济效益在 500 万元上
		第二等级	经济效益在 100 万元以上
		第三等级	经济效益在 100 万元以下
	10%（经济效益与投入比值）	第一等级	成果产生的经济效益与投入的比值高
		第二等级	成果产生的经济效益与投入的比值较高
		第三等级	成果产生的经济效益与投入的比值一般
项目知识产权成果	10%	第一等级	（1）1 篇及以上论文发表在具有国际影响力的期刊上； （2）或产生发明专利或 2 个以上实用新型专利； （3）或产生核心技术秘密或 2 个以上的一般技术秘密； （4）或产生 2 个以上软件著作权
		第二等级	（1）1 篇及以上论文发表在国内核心期刊上； （2）或产生 2 个以上实用新型专利； （3）或产生 2 个以上的一般技术秘密； （4）或产生 2 个以上软件著作权
		第三等级	（1）1 篇及以上论文发表在公开发行期刊上； （2）或产生 1 个及以下实用新型专利； （3）或产生 1 个及以下的一般技术秘密； （4）或产生 1 个及以下软件著作权

（1）技术自主创新程度：解决关键技术难题并取得技术突破，自主创新技术在总体技术中的比重。

（2）技术应用和成果转化程度：技术达到实际应用的程度，及成果转化程度。

（3）对电力企业技术进步和产业发展的贡献程度：指在解决电力企业发展的重点、难点和关键问题，推动产业结构调整和优化升级，提高企业竞争能力，以及推动专业发展中发挥的作用。

（4）经济价值：成果产生经济效益的绝对值及成果产生的经济效益与

投入的比值。

（5）项目知识产权成果：指经认定或公开发表成果的数量及质量。

打分范围参考：第一等级 80～100 分，第二等级 60（含）～80（含）分，第三等级 0～60 分。

4.1.2 技术开发类成果评估指标

技术开发类科技成果注重高质量知识产权产出，运用科学研究、技术开发、后续开发和应用推广中取得新技术、新材料、新工艺、新产品、新设备样机性能等反映成果创新水平、转化应用绩效和对经济社会发展的实际贡献，强化成果高质量供给与转化应用的科技成果。

技术开发类成果综合评价从技术自主创新程度、技术应用和成果转化程度、对电力企业技术进步和产业发展的贡献程度、经济价值四个维度进行评价，具体指标等级见表 4-2。

表 4-2　　　　　　　　　　技术开发类成果评价指标

指　标	参考权重	等级	划　分　依　据
技术自主创新程度	30%	第一等级	全部为自主创新技术或有关键技术突破，且该项技术突破为前人尚未掌握
		第二等级	大部分技术为自主创新或有主要技术创新，主要技术为前人尚未掌握
		第三等级	个别或少部分为自主创新技术，技术创新程度一般，接近同类技术先进水平
技术应用和成果转化程度	15%	第一等级	（1）成果转化程度高，市场需求度高； （2）成果技术成熟，并形成新产品、标准、专利、软件等
		第二等级	（1）成果的转化程度较高，市场需求度较高； （2）形成技术方法、中间产品、样机，相关工程、试验验证结论成立
		第三等级	（1）成果进一步开发后可应用，预期有一定市场需求； （2）形成技术概念或开发方案。关键技术、功能得到仿真验证

续表

指　　标	参考权重	等级	划　分　依　据
对电力企业技术进步和产业发展的贡献程度	20%	第一等级	（1）显著促进电力企业自身科技进步，具有国际市场竞争优势； （2）为推动多个专业的发展起到重要作用； （3）显著推动国家产业升级、带动行业发展，社会效益显著
		第二等级	（1）推动电力企业自身科技进步作用明显，具有国内市场竞争优势； （2）为推动本专业的发展起到重要作用； （3）明显推动国家产业升级、带动行业发展，社会效益较大
		第三等级	（1）对电力企业自身科技进步推动作用一般，有一定市场竞争能力； （2）为推动本专业的发展起到一定作用； （3）推动国家产业升级、带动行业发展作用一般，社会效益一般
经济价值	15%（经济效益绝对值）	第一等级	经济效益在 1000 万元以上
		第二等级	经济效益在 200 万元上
		第三等级	经济效益在 200 万元以下
	20%（经济效益与投入比值）	第一等级	成果产生的经济效益与投入的比值高
		第二等级	成果产生的经济效益与投入的比值较高
		第三等级	成果产生的经济效益与投入的比值一般

注　打分范围参考：第一等级 80～100 分，第二等级 60（含）～80（含）分，第三等级 0～60 分。

4.2　科技成果经济价值计算方法

　　科技成果的经济价值是衡量科技成果价值的重要指标，单项的科技成果很难去估值，首先，由于科技成果的种类多样，形式也不尽一致，所以并没有一套可以参考的固定计算模式；此外，长久以来各行业在科技成果的产业化推广过程中，不善于或者是没有意识去积累成果带来的效益；再者，科技成果一般都是随着整个工程大项目去整体推广，很少独立去推广单个的小成果，所以造成单个独立成果的经济价值难以从大项目中剥离出来。

　　科技成果的经济价值评估借鉴无形资产价值评估的做法，以投入产出比作为其经济价值大小判断的最终依据。投入产出比需要通过对科技成果的成本和收益两方面来确认。

4.2.1　科技成果成本计算方法

　　成本计算方法是将企业在生产经营过程中发生的各种耗费按照一定的对象进行分配和归集，以计算其总成本。因生产经营过程中的各种耗费可以货币计算，此方法能够简化产品成本计算工作。科技成果的成本从开始研发到成果完成可归集为研制成本和资金成本。研制成本包括直接的设备费、材料费、维护费、软件费、工资等，也包含知识产权、会议、咨询、差旅等间接费用。资金成本包含资金取得所需承担的利息等费用。成果成本计算公式为

$$P = C1 + C2 \tag{4-1}$$

式中：P 为成果成本投入合计；$C1$ 为研制成本，包括设备费、材料费、外协费、软件费、差旅费、会议费、专家咨询费、知识产权申请维护费、公司费、其他费用等成本；$C2$ 为资金成本，是指研究成果使用资金付出的代价，假设资金投入均匀，则

$$资金成本 = 研制成本 \times 贷款利率 \times 合理开发期 / 2 \tag{4-2}$$

4.2.2　科技成果收益计算方法

　　收益计算方法可用来计算成果的未来收益，其基本思路是分析该成果对收入的贡献程度，确定适当的收入分成率，预测、估算科技成果对应产品未来年期的收益。计算该技术的未来收益状况，同时分析该类技术的正常更新周期，据以确定技术的未来收益年限，再用适当的折现率折现计算评估值。其基本计算公式如下：

$$P = \sum_{i=1}^{n} \frac{\eta \times R_i}{(1+r)^i} \tag{4-3}$$

式中：P 为成果评估的收益总值；R_i 为经济效益；η 为销售收入分成率；n 为收益计算年限；r 为折现率。

经济效益：包括直接经济效益和间接经济效益。直接经济效益是指通过市场情况来预测该科技成果的营业收入，包括市场需求情况、占有率、同行业或同类产品的竞争情况、行业平均获利情况以及该科技成果历史各年的应用收入情况。间接经济效益是指通过降低成本获得的新增利润。

销售收入分成率：是指以技术产品产生的收入为基础，按一定比例分成确定成果的收益，如果成果本身可独立销售，则其销售收入分成率即为1。

收益计算年限：其预测应根据科技成果的技术寿命、技术成熟度、法定寿命、技术产品寿命及与资产相关的合同约定期限合理确定，遵循剩余经济寿命和法定寿命孰短的原则选取。

折现率：应当综合考虑评估基准日的利率、投资回报率、资本成本，以及成果实施过程中的技术、经营、市场、资金等因素合理确定。

4.3 实证分析

为直观展现本章阐述的科技成果价值评估方法，本书以电力企业 G 公司的《蒸汽浸没射流凝结压力震荡特性研究》与《核电站压力容器接管安全端焊缝缺陷超声波自动检测装置原理设计与试验研究》两个科技成果为例，分别展现应用基础研究类以及技术开发类科技成果的价值评估过程。

4.3.1 《蒸汽浸没射流凝结压力震荡特性研究》科技成果评估

蒸汽浸没射流凝结核电设备具有高效的混合和换热能力，在化工、热力、电力和核工业等领域有广泛的应用，在国际核电稳定发展的背景下，存在蒸汽射流凝结的核电设备面临设计修改以满足不同堆型的需要的现象，电力企业 G 公司针对蒸汽浸没射流凝结压力振荡现象，分析总结出影响压力振荡特性的普遍影响规律，该规律可以为设备设计和运行提供技术支持。本书将以此成果为例，对其进行科技成果价值评估。

1. 科技成果经济价值核算

收集电力企业 G 公司蒸汽浸没射流凝结压力震荡特性研究项目的相关支出与应用收益数据，从项目投入成本与项目成果产生的收益两个方面对其进行经济价值分析。分析过程如下：

根据科技成果成本计算方法计算其投入成本，经过计算该科技成果投入成本为 18.56 万元，具体计算见表 4 - 3。

表 4 - 3　　　　　蒸汽浸没射流凝结压力震荡特性研究投入成本

模型参数	项目	金额/元	备　注
研制成本 C1	资料费	1600.00	
	差旅费	1206.30	
	会议费	2000.00	
	外协费	170000.00	
	合计	174806.30	
资金成本 C2		10750.59	贷款利率取 6.15%；开发期取 2 年
项目投入成本 P		185556.89	

项目成果产生的收益主要包括以下几个部分：为设计人员提供设计方法，解决设计人员在设备计算中无据可依的现状，节约人力成本预计大于 10 万元；同时，可以减少大型试验验证的次数，节约验证试验成本预计大于 100 万元（考虑设备费、材料费、水电费等试验经费）。根据成果收益计算方法，项目成果产生的收益见表 4 - 4。

表 4 - 4　　　　　蒸汽浸没射流凝结压力震荡特性研究预计收益

参数	金额/万元			备　注
	第 1 年	第 2 年	第 3 年	
经济效益 R	10	50	50	考虑 1 年内完成设计，2 年内完成大型试验验证
收入分成率 η	1	1	1	
折现率 r	0.08	0.08	0.08	折现率取 8%
收益 P	9.26	42.87	39.69	
总收益（3 年）	91.82			

注　$P = \sum_{i=1}^{n} \frac{\eta \times R_i}{(1+r)^i}$，n 为收益计算年限。

　　根据项目投入情况和成果产生的经济效益计算项目的经济价值，投入成本为 18.56 万元，经济价值 91.82 万元，本项目的投入产出比预计为 1：4.95。

　　2. 科技成果价值综合评估

　　通过对比，该成果属于应用基础研究类成果，依据应用基础研究类成果评价指标对此科技成果各评价维度进行等级评定与打分，评价结果见表 4-5。

表 4-5　　　　　蒸汽浸没射流凝结压力振荡特性研究技术水平评价

评价指标	权重	项　目　情　况	评价等级及得分
技术自主创新程度	30%	对蒸汽浸没射流凝结引起的压力振荡特性进行了较为系统、全面的研究，总结了凝结压力振荡的普遍规律，并对设备设计和运行提出了建议方案	一级 82.14
技术应用和成果转化程度	15%	已完成既定的基础研究工作，并经过试验证。本项目得到的普遍性规律可为先进核电中卸压系统的设计和改进提供理论和试验支持，具有一定推广价值	二级 79.57
对电力企业技术进步和产业发展的贡献程度	25%	本项目提出了能够降低蒸汽射流振荡特性的设备设计方案，从设计源头保证设备的安全性。同时，对运行的环境条件给出了评价，从而可使被影响设备避开恶劣的运行环境，特别是与核安全有关的设备，提高了核电运行的安全性和可靠性，具有一定的社会效益	二级 77.86
经济价值	20%	为设计人员提供设计方法，解决设计人员在设备计算中无据可依的现状，节约人力成本预计大于 10 万元；同时，可以减少大型试验验证的次数，节约验证试验成本预计大于 100 万元（考虑设备费、材料费、水电费等试验经费）	二级 77.1
项目知识产权成果	10%	目前已发表学术论文 6 篇，其中 3 篇被 EI 收录	一级 83.57

注　得分为专家打分法获得。

　　由权重和得分计算该项目各项最终得分为自主创新程度 24.64 分，技术应用和成果转化程度 11.94 分，对 G 公司发展的贡献程度 19.47 分，经济价值 15.42 分，项目成果 8.36 分，合计得分为 79.83 分。

　　3. 科技成果评估结果

　　该项目对蒸汽浸没射流凝结引起的压力振荡特性进行了较为系统、全面的研究，总结了凝结压力振荡的普遍规律，提出了能够降低蒸汽射流振荡特性的设计和运行的建议方案，研究工作属于国内领先。成果可为核电卸压系统的设计和改进提供理论和实验支持，对卸压系统及其相关设备的设计和选型具有一定的指导意义。本项目预计会产生接近 5 倍于成本的利润，具有重大经济价值。综合其他维度的评级情况，最终综合评估得分为 79.83 分，符合预期目标。

4.3.2 《核电站压力容器接管安全端焊缝缺陷超声波自动检测装置原理设计与试验研究》科技成果评估

核电站反应堆压力容器接管与主管道连接过渡段存在两道焊缝，接管与安全端之间焊缝和安全端与主管道之间焊缝。安全端部位靠近堆芯活性区，要承受高温、高压、高辐射的交变复杂应力和腐蚀作用，焊缝处易产生缺陷和缺陷扩展，对焊缝进行定期质量检查是核电站役前和在役检查的重要内容，它们的质量对于保障一回路系统的完整性至关重要。为灵活方便对接管安全端焊缝进行不定期检测，提高工作效率，缩短检测时间，需研制体积小，操作方便的专用检测装置。开展核电站压力容器接管安全端焊缝缺陷超声波自动检测装置原理设计与试验研究（以下简称"焊缝检测装置前期研发"），摸索检测技术方案，进行技术储备，为将来开发研制实际应用的检测设备奠定基础具有实际意义。以此为例对该科技成果进行评估。

1. 科技成果经济价值核算

核算项目的相关支出与预计收益，从项目投入成本与项目成果产生的收益两个方面对其进行经济价值分析，分析过程如下。

根据科技成果成本计算方法计算其投入成本，经过计算该科技成果投入成本约为 51 万元，具体计算见表 4-6。

项目成果产生的收益主要包括间接经济收益和直接经济收益 2 个部分。间接经济收益体现在成本的节约上，类似的检测装置引进价格为 70 万美元，国产一台成本约 51 万元，检测装置需 2～3 台同时工作，因此设备采购总成本预计可节约 1107 万元。直接经济收益体现在为其他企业机组进行检测，截至 2020 年 12 月底，我国大陆地区商运核电机组达到 48 台，假设推广得当，预估 5 年检测设备 5 组，每组检测费用约 800 万元，为企业带来直接经济收益约 4000 万元。直接与间接经济收益合计为企业带来

表4-6　　　　　　　　"焊缝检测装置前期研发"投入成本

模型参数	项 目	金额/万元
研制成本 $C1$	材料费	8.6
	测试化验加工费	10.6
	科研业务费	21
	人工成本费	8
	差旅费	0.8
	零星材料费	2
	合计	51
资金成本 $C2$		0
项目投入成本 P		51

总的经济效益为5107万元。

　　根据项目投入情况和成果产生的经济效益计算项目的经济价值，投入成本3台为153万元，未来可创造经济收益约5107万元，本项目的投入产出比预计为1：33.4。

　　2. 科技成果价值综合评估

　　通过对比，采用技术开发类成果评价指标对此科技成果各评价维度进行等级评定与打分，评价结果见表4-7。

　　由权重和得分计算该成果各项最终得分为自主创新程度25.95分，技术应用和成果转化程度10.05分，对G公司发展的贡献程度14.37分，经济价值30.28分，合计得分为80.65分。

表4-7　　　　　　"焊缝检测装置前期研发"成果技术水平评价

评价指标	权重	项 目 情 况	评价等级	得分
技术自主创新程度	30%	采用机械解除传感器信号、涡流传感器信号和倾角传感器信号联合实现缺陷精准定位；采用比例阀实现探头恒力贴紧技术；采用电机舱重启保压的反水技术；水下机器人技术与检测技术结合	一级	86.5
技术应用和成果转化程度	15%	实验机可直接应用于现场，推广应用速度快	二级	67

评价指标	权重	项目情况	评价等级	得分
对电力企业技术进步和产业发展的贡献程度	20%	项目实施对核岛关键设备检测装置向小型化、轻便化发展有推动和示范作用；对提高检测速度、工作效益、经济效益有重要意义；培养员工创新意识对企业技术创新活动有示范作用；项目填补国内空白，增强公司竞争力	二级	71.86
经济价值	35%	缩短检测时间，创造可观经济效益，预计节约企业检测成本约1107万元，对其他企业进行检测预期收益4000万元	一级	86.52

注　得分为专家打分法获得。

3. 科技成果价值评估结果

本项目对压力容器接管安全端焊缝超声专用检测装置进行前期研发，摸索检测技术方案，进行技术储备，为将来开发研制实际应用的检测设备奠定基础，具有实际意义。通过成本及收益的核算，本科技成果预计会产生与成本相对的33倍多的利润，具有重大经济价值。综合其他各维度的评分情况，最终得分80.65分，符合预期目标。

4.4　本章小结

本章首先介绍了科技成果的内涵、意义、评价原则等基本内容，并在此基础上，进行评价指标体系的构建。在对科技成果评价指标进行选取时，综合考虑科技成果的技术水平和经济价值两大方面，将科技成果分为应用基础类科技成果和技术开发类科技成果两类。对所选取指标进行维度划分，并对各指标的含义做详细的说明且确认权重，对科技成果技术水平综合评分。随后对科技成果价值计算方法进行对比考量，确定以无形资产价值评估方法作为适合的评价方法，明确科技成果的总成本、预计收益计算方法，并最终以成果投入产出比来计量科技成果的经济价值。本章最后又以电力企业 G 公司的蒸汽浸没射流凝结压力振荡特性研究和核电站压力容器接管安全端焊缝缺陷超声波自动检测装置原理设计与试验研究的成果为例，依据本章前节阐述方法对其经济价值进行核算、技术水平进行评价，完成对科技成果价值的评价。

第5章 科技创新效率评价

科技创新效率评价是电力企业了解自身目前投入产出效率高低的必要途径。对电力企业进行科技创新效率评价有利于电力企业对其自身的科技创新活动有一个整体把控，有利于电力企业掌握其开展科技创新活动所带来的效益情况。本章针对不同类型电力企业的科技创新投入—产出效率进行研究，进而帮助电力企业更好地实现创新资源的优化配置，促进自身科技创新效率的提高，激励电力企业自身的发展，助推电力企业实现其发展战略目标。

5.1 多业务投入产出评价指标选择

由于电力系统业务涉及范围广、业务类型复杂，如果对每一个单一业务都重新构建指标体系进而评价该业务的科技创新实际情况，容易造成工作量过大以及工作重复。为了解电力系统各创新单元的科技创新成效，本节按照电力系统内企业的业务类型进行划分，将电力企业划分为生产经营、科技研发和技术服务三类。通过研究这三类电力企业的科技创新评价结果可以基本掌握电力系统各创新主体科技创新的效率。本节将分析不同业务类型电力企业的特点，并有针对性地构建科学、合理的投入产出效率评价指标体系。

5.1.1 生产经营类企业评价指标体系

生产经营类企业围绕产品进行投入、产出、销售、分配等活动，以此保持企业再生产或实现扩大再生产的能力。电力系统内的核电、火电、水电等产业都属于生产经营类。这类企业的科技创新主要是开发新技术和新产品，提高生产力和企业利润。在对这类企业进行科技创新评价时，主要的考核指标为年利润、新产品对市场的占领程度等，在产出指标选择上需要对这类指标倾斜，具体指标见表5-1。

表5-1　　　　　　　　　生产经营类单位评价指标体系

指标性质	编号	指 标 层	单位
投入	CX1	科技活动投入总额	万元
	CX2	研发投入总额	万元
	CX3	科研经费投入强度	%
	CX4	政府资金	万元
	CX5	科技活动人员投入强度	%
产出	CY1	创新产品销售比例	%
	CY2	知识产权成果转化率	%
	CY3	创新产品创汇率	%
	CY4	技术市场交易额	万元
	CY5	每万元产值能源消耗降低率	%

5.1.2　科技研发类企业评价指标体系

为保持行业地位和顺应时代潮流，科研机构旨在攻克技术难点，研发新技术等。这些纯技术研发类电力企业的科技创新特点是利用创新资源探索研发新技术，在技术水平上申请专利，制定行业、国家乃至国际标准以帮助集团公司提高国际地位，主要盈利方式为转让科技成果、承接外界科技项目以及收取科技咨询费用。因此在对科技研发类电力企业进行科技创新评价时，根据此类企业特点对指标进行了调整，见表5-2（部分指标需要加权求得，故省略单位）。

5.1.3　技术服务类企业评价指标体系

技术服务类企业负责为其他电力企业或外界组织提供战略研究、规划、咨询、勘测、设计、总承包、运行服务等。这类企业的主营业务是承

表5-2 科技研发类单位评价指标体系

指标性质	编号	指 标 层	单位
投入	TX1	科技活动投入总额	万元
	TX2	研发投入总额	万元
	TX3	科研设备设施投入强度	%
	TX4	承担科技计划项目/课题数量	—
产出	TY1	授权专利总数	个
	TY2	授权发明专利总数	个
	TY3	发表论文数量	—
	TY4	技术标准数量	—
	TY5	创新产品销售/转让收入	万元

担科技项目、工程及运营服务等，其科技创新活动产出的创新成果通过转让、授权使用的形式被其他组织使用，所以在对这类单位科技创新评价时，科技项目和科技成果转化应用比重需要进行适当侧重，见表5-3。

表5-3 技术服务类单位评价指标体系

指标性质	编号	指 标 层	单位
投入	SX1	科技活动投入总额	万元
	SX2	研发投入总额	万元
	SX3	国际合作投入比例	%
	SX4	科技活动人员投入强度	%
	SX5	承担科技计划项目/课题数量	—
产出	SY1	科技创新获奖	—
	SY2	技术标准数量	—
	SY3	知识产权成果转化率	%
	SY4	创新产品销售/转让收入	万元
	SY5	技术市场交易额	万元

5.2　模型选择及建立

5.2.1　DEA 模型构建

1. DEA 模型概述

数据包络分析（data envelopment analysis，DEA）是一种基于边际效益理论和线性规划理论，用于评价具有相同投入和产出的同类型组织相对效率的工具手段。DEA 的原理是用数学规划方法评价在有多种投入和多种产出的情况下，通过界定各个决策单元（decision making unit，DMU）是否位于生产前沿面来比较各决策单元之间的相对效率并显示各自的最优值。DEA 方法的一些基本概念如下：

（1）决策单元。

在 DEA 中，一般将待测的组织、企业等定义为决策单元（DMU）。决策单元一般有如下特征：它们有着一致的任务和目标；它们处于相同的市场环境并在同一市场中竞争；它们有着相同的投入要素和产出要素，但投入和产出的数量并不一致。

（2）生产前沿面。

当各个决策单元的投入与产出确定时，各种可能的投入要素和产出要素的最大集合就是生产前沿面。设有 n 个决策单元，$j = 1, 2, \cdots, n$；DMU_j 投入要素为 $X_j = (x_{1j}, x_{2j}, \cdots, x_{mj})^{\mathrm{T}}$，产出要素为 $Y_j = (y_{1j}, y_{2j}, \cdots, y_{sj})^{\mathrm{T}}$；那么其生产前沿面可以用数学形式表达为

$$P \equiv \left\{ (X, Y) \in R \mid X \geqslant \sum_{j=1}^{n} \lambda_j X_j, Y \leqslant \sum_{j=1}^{n} \lambda_j Y_j, \lambda_j \geqslant 0 \right\} \quad (5-1)$$

即各种投入与产出组合所能形成的最大集合就是该决策系统的效率前沿面。

（3）DEA 方法的投入与产出导向。

DEA 模型可以分为投入导向型（input orientated）和产出导向型（output orientated）。其中，投入导向型是指在产出一定的前提下，如何使得投入最小化的 DEA 模型；产出导向型是指在投入一定的前提下，如何

使得产出最大化的 DEA 模型。

数据包络分析突出优点包括：输入输出指标不必统一单位；通过求解线性规划确定输入输出权重，避免了人为确定权重的主观影响；不需要考虑输入和输出之间的函数关系等等。基于上述优点，使得 DEA 在各种组织、各个领域中得到了广泛的应用。

2. CCR 模型

Charnes、Cooper 和 Rhodes（1978）创建了第一个数据包络分析（DEA）模型——CCR 模型。自该方法提出以后，很多领域的专家学者逐渐认识到 DEA 是一种优秀的运筹建模工具，DEA 方法本身也得到了长足的发展。

假设有 n 个决策单元 $DMU(j=1,2,\cdots,n)$，每个决策单元有 m 项投入（$i=1,2,\cdots,m$）和 s 项产出（$r=1,2,\cdots,s$）。用 x_{ij} 表示第 j 个决策单元 DMU_j 的第 i 项投入，用 y_{rj} 表示 DMU_j 的第 r 项产出，用投入变量 $X_j=(x_{1j},x_{2j},\cdots,x_{mj})^{\mathrm{T}}$ 表示 DMU_j 的投入，用产出向量 $Y_j=(y_{1j},y_{2j},\cdots,y_{sj})^{\mathrm{T}}$ 表示 DMU_j 的产出。

则 CCR 模型的线性规划模型为

$$
\begin{aligned}
&\max h_j = uY_j \\
&\text{s. t.} \quad vX_d - uY_d \geqslant 0, \quad (d=1,\cdots,n) \\
&\qquad vX_j = 1 \\
&\qquad u \geqslant 0, \quad v \geqslant 0
\end{aligned} \tag{5-2}
$$

式中：v、u 分别表示投入产出的权向量；h_j 表示 DMU_j 的效率评价指数。

根据对偶理论，其对偶问题模型为

$$
\begin{aligned}
&\min \theta = \theta^j \\
&\text{s. t.} \quad \sum_{d=1}^{n} \lambda_d X_d + S^- = \theta X_j \\
&\qquad \sum_{d=1}^{n} \lambda_d Y_d - S^+ = Y_j \\
&\qquad \lambda_d \geqslant 0 (d=1,2,\cdots,n) \\
&\qquad S^- \geqslant 0, \quad S^+ \geqslant 0
\end{aligned} \tag{5-3}
$$

CCR 模型是在规模报酬固定的前提下评估各个决策单元的综合效率（技术效率）。判定决策单元 DMU_j 是否 DEA 有效，有以下几种情况：

若 $\theta < 1$，则 DMU_j 不为弱 DEA 有效；

若 $\theta = 1$，且 $S^+ \neq 0$，$S^- \neq 0$，则 DMU_j 为弱 DEA 有效；

若 $\theta = 1$，且 $S^+ = 0$，$S^- = 0$，则 DMU_j 为 DEA 有效。

3. BCC 模型

CCR 模型假设生产技术的规模收益不变，假设所有被评价的决策单元均处于最优生产规模阶段，即计算固定规模报酬下的相对效率。但是在实际生产过程中，许多生产单位可能处于规模报酬递增或规模报酬递减的情形下，因此 CCR 模型所得出的技术效率包含了规模效率的成分。

Banker、Charnes 和 Cooper（1984）提出了评价规模效率的 DEA 方法——BCC 模型。BCC 模型的前提是规模效率可变，在 CCR 模型的基础上，设定 $\sum_{j=1}^{n} \lambda_j = 1 (\lambda \geqslant 0)$，其作用是使投影点的生产规模与被评价决策单元的生产规模处于同一水平。

BCC 模型的线性规划模型为

$$
\begin{aligned}
&\max(u^T y_j + u_j) = u^T y_j \\
&\text{s. t. } v^T x_d - u^T y_d - u_j \geqslant 0, \quad (d = 1, 2, \cdots, n) \\
&\quad v^T x_j = 1 \\
&\quad v^T \geqslant \varepsilon e_m^T, \quad u^T \geqslant \varepsilon e_s^T
\end{aligned} \tag{5-4}
$$

其对偶问题模型为

$$
\begin{aligned}
&\min \theta = \delta^j \\
&\text{s. t. } \sum_{d=1}^{n} \lambda_d X_d + S^- = \delta X_j \\
&\quad \sum_{d=1}^{n} \lambda_d Y_d - S^+ = Y_j \\
&\quad \sum_{d=1}^{n} \lambda_d = 1 \\
&\quad \lambda_d \geqslant 0 (d = 1, 2, \cdots, n) \\
&\quad S^- \geqslant 0, \quad S^+ \geqslant 0
\end{aligned} \tag{5-5}
$$

5.2.2 Malmquist 指数

前文介绍的基于规模报酬不变和规模报酬可变的 DEA 都是针对某一个时间截面，仅仅是对于决策单元静态效率的相对比较，衡量的是各个决策单元与该界面上效率前沿面的距离。但是生产的过程是一个连续的时间序列过程，在不同的时间截面上，各决策单元基于各自系统的不同时间截面的生产前沿面可能会有所不同。因此，当被评价的决策单元投入产出数据为面板数据时，运用上述方法进行的效率评估在动态的比较上解释能力有限。而 Malmquist 生产率指数是在距离函数的基础上构造的，可以进行决策单元之间的动态比较。

1. Malmquist 指数概述

Malmquist 指数最早由瑞典经济学家 Sten Malmquist（1953）在分析消费行为时提出的；后来，Caves、Christensen 和 Diewert 等（1982）将 Malmquist 指数的应用进一步拓展到生产流通领域，通过距离函数构造生产率指数；Rolf、Fare 等（1994）将 Malmquist 指数思想与数据包络分析方法相结合，使得其成为具有实际意义的生产效率测算指数并得到广泛应用。

与其他经常用于计算生产率的指数（如 Törnqvist 或 Fisher 指数）相比，Malmquist 指数有几个优势。首先，它仅根据来自投入和产出的定量数据计算，不需要价格信息；其次，没有必要假定产出最大化或投入最小化的方法；最后，它能够提供生产率变化的细分，从而提供导致这种变化的不同来源。它的其他优点包括在添加输入和输出时不使用固定的权重，并且在计算过程中不需要对所涉及的变量使用标准化的计量单位。

2. Malmquist 指数定义

根据 Rolf、Fare 等人的研究，生产周期 $t=1,2,\cdots,n$，第 t 期的投入 $x_t \in R_t^N$ 在生产技术 P_t 的作用下转化为产出 $y_t \in R_t^N$，即

$$P_t = \{(x_t, y_t) : x_t \xrightarrow{\Delta} y_t\} \qquad (5-6)$$

t 时期面向输出的距离函数可以定义为

$$D^t(x_t, y_t) = \sup\{\theta \in R : (x_t, y_t * \theta) \in P_t\} \qquad (5-7)$$

在 t 时期的生产技术条件下，t 时期到 $t+1$ 时期的生产率变化可以表

示为

$$M^t = \frac{D^t(x_t, y_t)}{D^t(x_{t+1}, y_{t+1})} \tag{5-8}$$

式中：x_t 代表决策单元的投入向量；y_t 代表决策单元的产出向量；$D^t(x_t, y_t)$ 代表 t 时期的决策单元在 t 时与生产前沿面之间的距离；$D^t(x_{t+1}, y_{t+1})$ 代表 $t+1$ 时期的决策单元在 t 时与生产前沿面之间的距离。

同理，在 $t+1$ 时期的生产技术条件下，t 时期到 $t+1$ 时期的生产率变化可以表示为

$$M^{t+1} = \frac{D^{t+1}(x_t, y_t)}{D^{t+1}(x_{t+1}, y_{t+1})} \tag{5-9}$$

为了避免时期选择的随意性可能所导致的差异，通常采用 M^t 和 M^{t+1} 的几何平均数来定义 Malmquist 指数，计算公式为

$$(M^t \times M^{t+1})^{\frac{1}{2}} = \left[\frac{D^t(x_t, y_t)}{D^t(x_{t+1}, y_{t+1})} \times \frac{D^{t+1}(x_t, y_t)}{D^{t+1}(x_{t+1}, y_{t+1})} \right]^{\frac{1}{2}} \tag{5-10}$$

Malmquist 指数反映了决策单元 t 时期到 $t+1$ 时期的生产效率的变化趋势：当指数大于 1 时，表示生产效率呈上升趋势；当指数小于 1 时，表示生产效率呈下降趋势。

3. Malmquist 指数分解

我们可以进一步将 Malmquist 指数转化为技术效率变化指数（EC）和技术水平变化指数（TC）乘积的表示形式为

$$M(y_{t+1}, x_{t+1}, y_t, x_t) = EC \times TC \tag{5-11}$$

$$EC = \frac{D^t(x_t, y_t)}{D^{t+1}(x_{t+1}, y_{t+1})} \tag{5-12}$$

$$TC = \left[\frac{D^{t+1}(x_{t+1}, y_{t+1})}{D^t(x_{t+1}, y_{t+1})} \times \frac{D^{t+1}(x_t, y_t)}{D^t(x_t, y_t)} \right]^{\frac{1}{2}} \tag{5-13}$$

式中：EC 表示 t 到 $t+1$ 时期生产决策单元与生产前沿面的距离比，反映了决策单元对生产前沿面的"追赶效应"，是对各个时期技术相对效率变化的衡量：当 $EC>1$ 时，表明决策单元与最优生产前沿面的差距在缩小，技术效率有所提高；当 $EC<1$ 时，表明决策单元与最优生产前沿面的差距在扩大，技术效率有所降低。TC 是对决策单元生产技术中所作出的创

新程度进行度量，主要反映的是"生产前沿面移动效应"：当 $TC>1$ 时，表明生产技术进步对生产率变化带来的作用和影响，即技术进步；当 $TC<1$ 时，表明生产技术倒退对生产率变化带来的作用和影响，即技术退步。

Malmquist 指数相关指标具体含义见表 5-4。

表 5-4　　　　　　　　Malmquist 指数相关指标具体含义

指标	含　义	情　形	具　体　含　义
M	从 t 到 $t+1$ 时期生产效率变化程度	$M>1$	生产效率提高
		$M=1$	生产效率不变
		$M<1$	生产效率下降
EC	从 t 到 $t+1$ 时期相对技术效率变化程度	$EC>1$	相对技术效率提高
		$EC=1$	相对技术效率不变
		$EC<1$	相对技术效率下降
TC	从 t 到 $t+1$ 时期技术水平变化程度	$TC>1$	技术水平进步
		$TC=1$	技术水平不变
		$TC<1$	技术水平衰退

接着，在规模报酬可变的假设前提下，技术效率变化指数（EC）可以进一步分解为纯技术效率变化指数（PC）和规模效率变化指数（SC）的形式：

$$EC = PC \times SC \qquad (5-14)$$

$$PC = \frac{D^t(x_t, y_t/VRS)}{D^{t+1}(x_{t+1}, y_{t+1}/VRS)} \qquad (5-15)$$

$$SC = \frac{\dfrac{D^t(x_t, y_t/CRS)}{D^t(x_t, y_t/VRS)}}{\dfrac{D^{t+1}(x_t, y_t/CRS)}{D^{t+1}(x_{t+1}, y_{t+1}/VRS)}} \qquad (5-16)$$

也就是说，Malmquist-DEA 指数可以表示成如下形式：

$$M(y_{t+1}, x_{t+1}, y_t, x_t) = PC \times SC \times TC \qquad (5-17)$$

5.3 实证分析

5.3.1 求解过程

在以上数据的基础上，借助 Deap2.1 软件实现 DEA 及 Malmquist - DEA 指数模型求解，以生产经营类企业为例，该软件的操作流程主要有下述四个步骤。

1. 建立数据文件

将"企业"作为行向量，"指标项"作为列向量，并按照产出在左，投入在右的形式构建待评价子系统数据矩阵，在 Excel 文档内输入矩阵对应的数值，并将文件储存为".txt"文档形式，并命名为"Cdata.txt"。

2. 建立引导文件

在"ins.txt"文件中修改各行左侧内容，本节以 8 个生产经营类企业科技创新绩效评价为例，其引导文件编码为：

```
Cdata.txt        DATA FILE NAME
Cout.txt         OUTPUT FILE NAME
8                NUMBER OF FIRMS
3                NUMBER OF TIME PERIODS
5                NUMBER OF OUTPUTS
5                NUMBER OF INPUTS
0                0=INPUT AND 1=OUTPUT ORIENTATED
1                0=CRS AND 1=VRS
2        0=DEA(MULTI-STAGE),1=COST-DEA,2=MALMQUIST-DEA,3=DEA(1-
STAGE),4=DEA(2-STAGE)
```

其中，第一行为数据文件名称；第二行为结果文件名称；第三行为决策单元数量；第四行是时期数，本节选取了样本企业 2018—2020 年三年的数据，时期数为 3；第五行为产出变量个数；第六行为投入变量个数；第七行为"行为导向"、"产出导向"选择（0 为投入导向，1 为产出导向）；第八行为规模报酬选项（"CRS"为规模报酬不变模型，即 C^2R 模型，"VRS"为规模报酬可变模型，即 BC^2 模型）；第九行为模型选项（选择 0 代表 DEA 模型；1 代表 COST - DEA 模型；2 代表 Malmquist - DEA

模型；3 代表一阶段 DEA 模型；4 代表两阶段 DEA 模型），本节选取 DEA 及 Malmquist - DEA 模型分别进行求解。

3. 生成计算文件

运行"DEAP. EXE"，打开 deap 软件，输入"ins. txt"并回车，此时，在当前文件夹中生成了名称为"Cout. txt"的文件。

4. 输出结果文件

打开"Cout. txt"文件，得到模型计算结果。在 DEA 模型结果中，firm 表示所研究的各决策单元；crste 为综合效率；vrste 为纯技术效率；scale 表示规模效率。在 Malmquist - DEA 模型结果中，firm 表示所研究的各决策单元；effch 表示技术效率变化指数 EC；techch 为技术水平变化指数 TC；pech 为纯技术效率变化指数 PC；sech 表示规模效率变化指数 SC；tfpch 表示 Malmquist 生产率指数 M。

5.3.2 算例结果分析

本章以生产经营类企业为例，选取了 9 家电力企业（C1～C9）作为样本，进行科技创新效率评价。根据此类业务类型评价指标体系要求，收集了这 9 家电力企业 2018—2020 年的各项相关指标数据。分别使用 DEA 及 Malmquist - DEA 模型进行求解，并对模型结果进行深入分析。

1. DEA 模型结果分析

依据 5.3.1 小节的求解过程，使用 DEA 模型求解 2018—2020 年间各年各电力企业的科技创新效率并求均值，具体结果见表 5 - 5。

表 5 - 5　　　　　　　　2018—2020 年各电力企业科技创新效率

企业编号	2018 年	2019 年	2020 年	平均效率	排名
C1	0.985	0.901	1.000	0.962	5
C2	1.000	0.797	1.000	0.932	7
C3	1.000	1.000	1.000	1.000	1
C4	1.000	1.000	0.956	0.985	4
C5	1.000	0.862	1.000	0.954	6
C6	1.000	1.000	1.000	1.000	1

企业编号	2018 年	2019 年	2020 年	平均效率	排名
C7	1.000	1.000	1.000	1.000	1
C8	1.000	0.791	1.000	0.930	8
C9	1.000	0.776	1.000	0.925	9
均值	0.998	0.903	0.995	—	—

在本书选取的 27 个样本（9 家企业 3 年的样本数量）中，科技创新效率值为 1 的样本有 20 个，占比达 74%。科技创新效率超过 0.9 的更是达到 85%，这表明大部分科技创新类企业的科技创新效率差异很小，相对于生产前沿面的距离也较小。根据 2018—2020 年所测算的科技创新效率平均值对 9 家企业进行排名，C3、C6 和 C7 这三家企业并列第一，其 3 年科技创新效率均达到了 DEA 有效。剩下 6 家企业的排名为：C4＞C1＞C5＞C2＞C8＞C9。其中，C1、C2、C5、C8、C9 企业在 2019 年加大了科技创新的投入，但并为很好地转化为产出，因此这些企业在 2019 年的科技创新效率相对较低。2020 年，由于科技创新投入的持续增加，这些企业的科技创新产出也大幅提高，其相对效率也基本达到 DEA 有效。科技创新效率分布雷达图如图 5-1 所示。

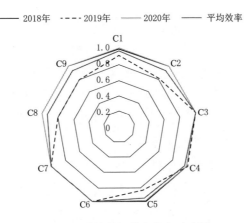

图 5-1　科技创新效率分布雷达图

由图 5-1 雷达图可以清楚地看出，9 家科技研发类企业的科技创新效率整体差距较小，大多企业在研究期内都位于生产前沿面上，其效率值为 1。

2. Malmquist – DEA 模型结果分析

依据 5.3.1 小节的求解过程，使用 Malmquist – DEA 模型求解 2018—2020 年各样本电力企业的科技创新效率，并对结果进行纵向和横向比较分析。其中，纵向比较为自身不同时间的比较分析，横向比较为同一时间不同企业之间的比较分析。算例依次进行样本整体的纵向比较分析及样本电力企业间的横向比较。

（1）样本电力企业整体分阶段纵向对比分析。

由表 5 – 6 知，从整个时间段来看，2018—2020 年所选电力企业整体 Malmquist 指数 M 为 1.118，说明样本电力企业整体科技创新效率呈上升态势，年平均上升 5.9%。其中，技术效率变化指数 EC 为 0.998，技术水平变化指数 TC 均值为 1.120，纯技术效率变化指数 PC 均值为 1.000，规模效率变化指数 SC 为 0.998，表明样本电力企业的整体科技创新效率变化是由技术水平变化和规模效率变化引起的，且技术水平变化的影响大于规模效率变化。

表 5 – 6　　　　2018—2020 年样本整体科技创新 Malmquist 指数及分解

年度	M	EC	TC	PC	SC
2018—2019	0.585	0.900	0.650	0.950	0.947
2019—2020	2.138	1.108	1.929	1.053	1.052
均值	1.118	0.998	1.120	1.000	0.998

从单个时间段来看，2018—2019 年，样本整体科技创新 Malmquist 指数 M 为 0.585，此时其他相关指数均小于 1，且技术水平变化指数 TC 最小，表明在 2018—2019 年，样本整体科技创新效率变化是由纯技术效率变化、规模效率变化、技术水平变化引起的，且技术水平变化的影响最大。2019—2020 年，样本整体科技创新 Malmquist 指数 M 为 2.318，此时其他相关指数均大于 1，且技术水平变化指数 TC 最大，表明在 2019—2020 年，样本整体科技创新效率变化是由纯技术效率变化、规模效率变化、技术水平变化引起的，且技术水平变化的影响最大。

综上，从样本整体来看，在 2018—2020 年这一时间段，科技创新效率受纯技术效率、规模、技术水平等多方面因素影响，且技术水平变化的影响最大。

（2）样本电力企业间横向对比分析。

由表 5-7 可知，所选 8 家生产经营类电力企业中，除编号为 C5 的电力企业外，其他电力企业的 Malmquist 指数 M 均大于 1，且 Malmquist 指数大小为 C4＞C8＞C3＞C1＞C2＞C6＞C7＞C9。结果表明在 2018—2020 年这一时间段，电力企业 C5 科技创新效率处于下降态势；而其他电力企业均处于增长态势，且 C4 增长最大，C9 增长最小。此外，除电力企业 C1、C4 外，各样本电力企业的技术效率变化指数 EC、纯技术效率变化指数 PC、规模效率变化指数 SC 均为 1.000，表明在 2018—2020 年，除 C1、C4 外的各样本电力企业的技术和规模均有效，科技创新效率变化全部是由技术水平变化引起的。对电力企业 C1 而言，其相关指数值均大于 1，且技术水平变化指数 TC 最大，表明电力企业 C1 科技创新效率受纯技术效率、规模、技术水平等多方面因素影响，且技术水平变化的影响最大。对电力企业 C3 而言，除纯技术效率变化指数 PC 外，其他相关指数均不等于 1，且技术水平变化指数 TC 最大，表明电力企业 C1 科技创新效率受规模、技术水平等多方面因素影响，且技术水平变化的影响更大。

表 5-7　　　　各电力企业科技创新 Malmquist 指数及分解

企业编号	M	EC	TC	PC	SC
C1	1.131	1.008	1.122	1.003	1.005
C2	1.120	1.000	1.120	1.000	1.000
C3	1.210	1.000	1.210	1.000	1.000
C4	1.252	0.978	1.281	1.000	0.978
C5	0.898	1.000	0.898	1.000	1.000
C6	1.088	1.000	1.088	1.000	1.000
C7	1.085	1.000	1.085	1.000	1.000
C8	1.238	1.000	1.238	1.000	1.000
C9	1.082	1.000	1.082	1.000	1.000
均值	1.118	0.998	1.120	1.000	0.998

综上，样本电力企业的科技创新效率评价结果为 C4＞C8＞C3＞C1＞C2＞C6＞C7＞C9＞C5，C4 最有效，C5 最低效。影响各样本电力企业科技创新效率的最重要因素是技术水平变化，各样本电力企业应侧重于技术水平的提高，从而提高其科技创新效率。

5.4　本章小结

本章主要围绕电力企业科技创新效率评价进行叙述，首先将电力企业按照业务类型进行创新评价主体划分，并根据不同类型企业的业务特点构建了对应的评价指标体系。然后选择并建立 Malmquist - DEA 模型，对同一个业务类型下的相似电力企业进行科技创新效率评价。最后以生产经营类 9 家电力企业为例，应用指标评价体系与评价方法，对 9 家电力企业的科技创新效率进行充分的横向与纵向测算、评价，对评价结果排序，并对算例结果进行分析。验证了本章提出的电力企业科技创新效率评价指标体系和方法的可行性。

第6章　企业科技创新绩效评价

科技创新绩效评价的本质是对企业科技创新方面的资源配置、资源投入产出效益进行评估，对企业的科技创新进行合理有效的绩效评价，是企业的科技创新工作过程中的关键一环，能够有效推动企业科技创新战略目标的实现。科学合理的绩效管理评价体系既能真实地反映企业科技创新的状况，又能对企业科技创新未来的发展提出合理预测，同时也能够使管理层更加深入了解企业的科技创新工作，及时调整过程中的不足之处。

6.1　科技创新绩效评价原则

科技创新绩效评价原则是整个评价工作所依据的准则。为保障电力企业科技创新绩效评价工作顺利进行，并使评价结果在提高企业科技创新水平方面发挥引导与促进作用，电力企业科技创新绩效评价工作应遵循以下基本原则：

（1）导向性原则。评价工作承接国家部委科技创新价值导向、引导支撑企业战略发展方向，对二级单位科技创新工作提供方向指引。

（2）科学性原则。指标内涵和数据统计口径符合行业规范且可准确衡量，能反映被评价单位考核期内科技活动与科技管理的实际效果。

（3）分类评价原则。考核评价遵循分类实施的原则，根据被评价主体的科技创新工作实际情况进行分类评价，鼓励各单位根据各自优势充分发挥在科技创新工作中的主体作用。

（4）可操作原则。评价指标设置精简、有针对性，以规范的国家统计调查体系为基础，数据边界清晰、客观、可持续获取。

6.2　科技创新绩效评价指标体系

6.2.1　被评价主体类别划分

电力企业科技创新绩效评价的被评价主体应当与企业相关部门的年度绩效考核主体保持一致，包括企业所属二级单位和各创新中心。根据被评价主体所从事的经营内容不同，企业科技创新绩效评价的被评价主体的可分为以下几类：

（1）科技创新类：指以完成科技研发重大任务为主业或侧重开展技术、产品、材料和设计等的研发，或成果转化方等科技创新工作的单位。

（2）产业技术依托类：指兼备科技创新能力和成果转化落地条件，在相关行业承载集团科技创新牵头职责的单位。

（3）技术应用类：指有科技创新需求，但自身科技创新资源有限，以落实科技创新成果落地应用为主的资产经营类企业。

（4）创新中心：指由集团组建的各产业创新中心。

（5）金融和服务类：指以金融投资或者服务为主营业务的单位。

6.2.2　指标体系建立

分析科技创新绩效评价的侧重点，结合电力行业特点，构建电力行业企业科技创新绩效评价指标体系。本书选取科技创新投入、科技创新产出与科技创新重点任务/项目3个一级指标，下设12个二级指标（部分二级指标需通过相应三级指标进行计算），为读者提供参考，各指标及其具体涵义见表6-1。

表 6-1　　　　　　　　各级指标涵义表

一级指标	二级指标	指 标 评 价 要 点
科技创新投入	研发支出	考核期内研发支出金额
	研发投入强度	考核期内研发支出占营业收入比例
	研发投入强度增长率	考核期内研发投入强度相对上一考核期的增长率

续表

一级指标	二级指标	指 标 评 价 要 点
科技创新 投入	外部引入科研经费	考核期内获得的各部委、地方政府、外部企业等资金支持合同总额。该指标适用于科技创新类和产业技术依托类单位
	统筹研发经费出资	考核期内签订的支持集团统筹开展的研发项目经费出资的合同总额
科技创新 产出	新增发明专利数量	考核期内新增发明专利数量（含专利引进）及发明专利申请量。创新中心类单位为考核期内产业创新中心承担集团统筹开展的科研项目取得的成果对应的新增发明专利数量和发明专利申请量
	科技奖励成果数	专核期内国家级、省部级、企业级科技奖获奖。创新中心类单位为考核期内产业创新中心承担统筹开展的科研项目取得的成果对应的新增国家级、省部级、企业级科技奖获奖
	技术标准数	考核期内主编、参编并已发布的国际标准、国家级标准、行业标准
	新增科技人才评定数	考核期内入选国家/省部级人才工程、企业相关人才工程等情况
	科技创新管理绩效	考核期内被考核主体通过高新技术企业节税、研发费用加计扣除得到的利润红利。创新中心类单位为考核期内本产业领域中由集团统筹开展的科研项目计划完成率
	科技创新经济价值	考核期内被考核主体通过科技创新成果转让获得的经济价值
科技创新 重点任务/ 项目	考核期内承接国家相关部委和企业的科技创新重点任务/项目	考核期内被考核主体通过高新技术企业节税、研发费用加计扣除得到的利润红利。创新中心类单位为考核期内本产业领域中由集团统筹开展的科研项目计划完成率

6.3　科技创新绩效评价方法

6.3.1　绩效指标折算方法及统计口径

　　各单位在进行数据统计与记录过程中会存在统计口径不同的问题，因此，为保证评价结果的准确性、并使评价结果具有可比性，此部分为可计量指标统一统计内容，为不可计量的指标确定量化赋分方法，具体折算方法与统计口径见表6-2。

6.3.2　各评价主体指标权重确定细则

　　由于发展目标的变化，企业在不同的发展及战略阶段的关注与侧重点

表 6－2　　科技创新绩效评价各级指标折算方法及统计口径表

一级指标	二级指标	指标折算方法细则及统计口径
科技创新投入	研发支出	统计口径应与各单位财务报表中"研发支出"项目保持一致，按照金额排序。创新中心类单位为考核期内产业创新中心签订的集团统筹开展的科研项目合同额
	研发投入强度	统计口径为被评价主体在考核期内科技投入额占营业收入的比例，按数值大小排序
	研发投入强度增长率	统计口径为被评价主体在考核期内研发投入强度相对上一考核期的增长率
	外部引入科研经费	统计口径为被评价主体在考核期内签订的从外部（指各部委、地方政府、被评价主体以外的其他实体）获取科研经费的所有研发项目合同总额，按金额排序
	统筹研发经费出资	统计口径为被评价主体在考核期内科技投入额占营业收入的比例，按数值大小排序
科技创新产出	新增发明专利数量	统计口径为被评价主体在考核期内申请和获得授权的发明专利。按权重计算指标绩效得分后的高低排序。创新中心类单位为考核期内产业创新中心承担集团统筹开展科研项目成果对应的新增发明专利数量和发明专利申请量
	科技奖励成果数	统计口径为被评价主体在考核期内获得国家级、省部级、企业级科技成果奖励。总得分依据不同奖励等级和完成单位排序折算计分
	技术标准数	统计口径为被评价主体在考核期内主编或参编并正式发布的国际标准（仅含 IEC、ISO、ITU 标准）、国家级技术标准、行业级技术标准。根据标准不同层级和编制情况折算分数，按照总分进行排序
	新增科技人才评定数	统计口径为统计期内新增纳入国资委年度科技情况调查的国家级/省部级特殊人才和纳入上级单位相关人才计划的人才当量得分。不同级别人才数量按不同权重折算总分，计算公式： 指标绩效得分＝$\sum$（特殊人才数量×对应权重），按得分排序
	科技创新管理绩效	按照考核期内高新技术企业节税、研发费用加计扣除等获得的利润增加额进行加和排序。其中，高新技术企业节税额为年度内获得税务部门认可的高新技术企业节税金额；研发费用加计扣除为年度内因技术开发费用实行加计扣除后实际获得减免的税额（即企业实际减少的所得税负担）。创新中心类单位为考核期内的本产业领域的集团统筹科研项目的计划完成率

续表

一级指标	二级指标	指标折算方法细则及统计口径
科技创新产出	科技创新经济价值	统计口径为被评价主体在考核期内应用被评价主体的科技成果签署的技术许可、技术转让合同总额（如合同金额为初始费＋提成费形式，则可将初始费＋被考核期内获取的全部提成费计入）。上级单位统筹研发项目成果转让，其项目出资单位计入同等金额
科技创新重点任务/项目	考核期内承接国家相关部委和企业的科技创新重点任务/项目	按照被评价主体在考核期以内完成的总任务得分排序，总任务得分＝∑（单项任务在上级单位综合评定中得分×任务权重）
加分项	研发平台获批	统计口径为被评价主体在考核期内获得国家、省部级、集团公司级认可的研发平台、创新中心等。按照平台获批层级和数量进行加权计分

是变化的，不同类型企业的侧重点亦有所差异，在评价过程中这一差异则体现在指标的权重设定上。根据企业业务特点及在企业科技创新体系中的定位，被评价主体可分为科技创新类、产业技术依托类、技术应用类、创新中心、金融和服务类五类待评价主体，针对不同待评价主体对指标权重进行差异化配置。参考专家意见与实践经验，本书给出不同业务主体的指标选择与权重赋值供读者参考（见表6-3～表6-7），在具体评价过程可根据需要与偏好对指标与权重进行调整。

表6-3　　　　　　　　科技创新类主体评价指标及权重表

一级指标	二级指标	权重/%
科技创新投入	研发支出	5
	研发投入强度增长率	5
	外部引入科研经费	10
科技创新产出	新增专利和申请专利	10
	科技奖励成果数	15
	技术标准数	10
	新增科技人才评定数	15
	科技创新管理绩效	10
	科技创新经济价值	5

续表

一级指标	二级指标	权重/%
科技创新重点任务/项目	考核期内承接国家相关部委和企业的科技创新重点任务/项目	15
总　　计		100

表 6-4　　　　　　　　**产业技术依托类主体评价指标及权重表**

一级指标	二级指标	权重/%
科技创新投入	研发投入强度	5
	研发投入强度增长率	5
	外部引入科研经费	5
	统筹研发经费出资	10
科技创新产出	新增专利和申请专利	10
	科技奖励成果数	10
	技术标准数	10
	新增科技人才评定数	10
	科技创新管理绩效	15
	科技创新经济价值	5
科技创新重点任务/项目	考核期内承接国家相关部委和企业的科技创新重点任务/项目	15
总　　计		100

表 6-5　　　　　　　　**技术应用类主体评价指标及权重表**

一级指标	二级指标	权重/%
科技创新投入	研发投入强度	7.5
	研发投入强度增长率	7.5
	外部引入科研经费	5
	统筹研发经费出资	15

一级指标	二级指标	权重/%
科技创新产出	新增专利和申请专利	10
	科技奖励成果数	10
	技术标准数	10
	新增科技人才评定数	5
	科技创新管理绩效	15
	科技创新经济价值	5
科技创新重点任务/项目	考核期内承接国家相关部委和企业的科技创新重点任务/项目	10
总　　计		100

表 6 - 6　　　　　　　**创新中心类主体评价指标及权重表**

一级指标	二级指标	权重/%
科技创新投入	研发支出	10
科技创新产出	新增专利和申请专利	10
	科技奖励成果数	10
	科技创新管理绩效	10
科技创新重点任务/项目	考核期内承接国家相关部委和企业的科技创新重点任务/项目	60
总　　计		100

表 6 - 7　　　　　　　**金融和服务类主体评价指标及权重表**

一级指标	二级指标	权重/%
科技创新投入	研发支出	20
	统筹研发经费出资	10
	科技创新经济价值	10
科技创新重点任务/项目	考核期内承接国家相关部委和企业的科技创新重点任务/项目	60
总　　计		100

6.3.3　评价方法

科技创新绩效评价应始终围绕科技创新上级考核目标、创新投入、创新贡献度、创新成果、集团的统筹协同支持、科技创新重点任务/项目等，对各单位科技创新工作形成量化评价结论。

单项二级指标得分在所属类别中排序并进行归一化处理，使指标值具有可比性。归一化处理公式为

正向指标：
$$x'_{ij} = \frac{x_{ij}}{\max\{x_{1j}, \cdots, x_{nj}\}} \tag{6-1}$$

负向指标：
$$x'_{ij} = \frac{\min\{x_{1j}, \cdots, x_{nj}\}}{x_{ij}} \tag{6-2}$$

科技创新绩效评价满分为 100 分，同时结合被评价主体在考核期内的突出贡献考虑进行加分奖励，总加分不超过 5 分。被评价主体的最终得分为

$$评价总分 = \sum(单项二级指标得分 \times 100 \times 指标权重) + 加分项$$

$$\tag{6-3}$$

6.4　实证分析

为直观展现本章阐述的方法，本小节拟选择一定数量电力企业样本作为待评价主体，展现科技创新绩效评价过程与方法。

6.4.1　样本选择与数据准备

在科技创新类、产业技术依托类、技术应用类、创新中心、金融和服务类五类企业中，各选择 4 家企业，共 20 家企业进行分析。对 20 家企业的各项创新投入与产出情况依据前面列出的统计口径和赋分的要求，进行资料收集与赋分。

6.4.2　数据预处理

为使样本各指标数据具有可比性，对获得的各公司数据进行无量纲化

预处理。应用式（6-1）、式（6-2）将二级指标数据按照企业类别分别进行归一化。以科技创新类4家企业为例，其数据归一化结果见表6-8。

表6-8　科技创新类待评价电力企业样本二级指标数据归一化结果

一级指标	二级指标	A1	A2	A3	A4
科技创新投入	研发支出	1	0.86	0.59	0.58
	研发投入强度增长率	0.25	0.37	0.84	1
	外部引入科研经费	1	0.58	0.34	0.46
科技创新产出	新增专利和申请专利	1	0.75	0.72	0.69
	科技奖励成果数	0.84	1	0.87	0.74
	技术标准数	0.98	1	0.67	0.52
	新增科技人才评定数	0.86	0.79	0.45	1
	科技创新管理绩效	1	0.76	0.43	0.61
	科技创新经济价值	1	0.69	0.86	0.72
考核期内承接国家相关部委和企业的科技创新重点任务/项目		0.84	1	0.87	0.66

由表6-8可以看出，对指标数据进行归一化处理后，能够充分表现数据之间的相对差值，以"研发支出"此二级指标为例，在4家企业中A1的研发支出最高，所以经归一化处理后数值为1，其次是A2，与A1的研发支出相差不大，而A3、A4则在研发方面有较少的支出，同时在科技创新产出的几个二级指标上有不佳的表现。

6.4.3　综合得分计算

在各二级指标单项得分核算完毕的基础上，整理各企业加分值，运用式（6-3）核算出各个企业的总分，见表6-9。

通过对20家企业科技评价绩效指标的计算，可以看出，所选取的20家企业的科技创新绩效整体表现较为良好，整体得分较高，仅个别企业获得了较低的分值。同一类别进行比较，科技创新类4家企业的评价结果为A1>A2>A4>A3，A1在科技创新投入与产出方面的表现均较好，获得了较高的分值，而A3与之相反，最终评价结果分值较低。产业技术依托类

表 6－9　　　　　　　　　　20 家电力企业科技创新绩效评价得分表

企业类型	指标编号	各 指 标 得 分				总分
		科技创新投入	科技创新产出	科技创新重点任务/项目	加分项	
科技创新类	A1	16.25	60.3	12.6	3	92.15
	A2	11.95	55.4	15	2	84.35
	A3	10.55	42.3	13.05	1	66.9
	A4	12.5	47.9	9.9	2	72.3
产业技术依托类	B1	21	52.8	7.5	3	84.3
	B2	20.5	45	0	1	66.5
	B3	23.5	51.6	15	2	92.1
	B4	17	37.2	3.75	0.5	58.45
技术应用类	C1	29.4	41.25	5.2	2	77.85
	C2	26.6	44.55	7.5	1	79.65
	C3	24.15	40.7	4.7	1	70.55
	C4	31.15	50.6	10	3	94.75
创新中心	D1	10	28.8	60	1	99.8
	D2	8.9	25.8	48	0.5	83.2
	D3	9.5	27	51	1	88.5
	D4	7	24.3	46.8	0.5	78.6
金融和服务类	E1	40	—	58.8	0	98.8
	E2	34.4	—	60	0	94.4
	E3	33.6	—	51.6	0	85.2
	E4	27.6	—	53.4	0	81

企业的评价结果为 B3＞B1＞B2＞B4，其中 B4 企业在投入、产出及承接重点项目任务上均有较差的表现，应加大科技投入，促进科技创新成果产出与转化，积极承接国家或上级单位的科技创新重点任务或项目，另外，B2同样需要积极争取重点科研项目与任务。技术应用类企业评价结果为 C4＞

C2＞C1＞C3；4个创新中心的评价结果为 D1＞D3＞D2＞D4。金融和服务类企业由于自身业务性质，科技创新的投入都较少，且指标中未统计科技创新产出，但相对差值较小，因此最终表现出较高的得分情况与较小的分数差值。

6.5 本章小结

本章首先简要介绍了科技创新绩效评价原则，然后将待评价主体按照业务类型不同分为科技创新类、产业技术依托类、技术应用类、创新中心以及金融服务类，并在此基础上选择评价指标、确定各个指标的量化标准，构建绩效评价指标体系。根据不同分类企业的业务特点，选择适用于对应类别企业的评价要素，并根据指标重要性程度进行赋权，形成可用于计量评价的评价标准。

本章最后以涵盖5种企业类别的20家企业为例，根据本章所明确的评价方法，收集指标数据，进行科技创新绩效评价，获得企业科技创新绩效排序，验证评价方法的可操作性。

第 7 章　企业科技创新能力综合评价

在当前全球经济一体化，市场竞争更加激烈，科技创新已成为企业赖以生存和发展的核心推动力，企业科技创新能力是提升企业市场竞争能力的关键。在这种形势下如何构建一套具有科学性、有效性、合理性、准确性的科技创新能力评价体系，通过定期评价和监测企业科技创新活动现状，使企业全面、及时地认识和评价自己，及时发现问题、差距，迅速提出解决途径，提出更有利于企业发展的创新举措，进而推动企业科技创新能力、市场竞争力不断提升，已经成为企业科技创新管理研究中的一项十分重要的工作。

本章以电力行业为背景，构建用于电力企业科技创新能力评价的指标体系，应用 AHP - 熵权法和 TOPSIS 法进行企业科技创新能力的综合评价，并运用本章所提出的指标体系与评价方法进行实证计算与分析。

7.1　科技创新能力评价指标体系构建

7.1.1　构建思路

电力企业科技创新能力评价是一个涉及多环节、多因素的复杂过程。在相关研究的基础上，本节结合创新绩效和创新过程的特点，将电力企业科技创新能力评价指标体系分解成创新投入、创新管理、创新成果和创新绩效四个方面准则，这四个方面准则反映了电力企业科技创新能力的整体情况，最终的科技创新能力评价是这四个方面能力的综合体现。这种划分有利于我们进行系统地、多角度地开展电力企业科技创新能力评价工作，具体的评价指标体系也将围绕这四个方面进行构建。

7.1.2　构建原则

电力企业科技创新能力指标体系的构建需要以基本指标体系为基础，结合电力企业科技创新能力的重点，构建具体指标体系。除了考虑基本指标体系构建时应该考虑的科学性与全面性、系统性和层次性结合原则、实用性和可操作性原则外，还必须考虑过程与结果并顾性原则。

1. 科学性与全面性原则

在选取评价指标时，要结合电力企业科技创新能力的特点。首先，选取的指标应带有很大价值及参考作用，能够显示研究对象的主要特征；其次，选取的指标应能够较好的反映共性特征的，各指标要能够准确的界定和获取，且要确保各指标是相互独立的，避免出现数据信息的重复和相互影响，确保系统的准确和稳定；最后，在指标设计时，必须从不同层次，多个角度考虑影响因素，尽可能全面系统地体现电力企业科技创新水平。

2. 系统性和层次性结合原则

评价指标体系应按照一定的逻辑关系来进行构建，构建的评价指标体系不但要从不同的侧面反映出电力企业科技创新能力的主要特征和状态，而且还要能够反映创新投入、创新管理、创新成果和创新绩效之间的内在联系，能够展示电力企业科技创新能力的现有水平和发展后劲。层次性是指评价指标体系自身的多重性，评价指标体系按照指标间的层次递减关系来构建整体层次，同一层次的指标不应具有明显的包含关系，各层次指标具有一致性和平衡性。

3. 实用性和可操作性原则

在构建评价指标体系时要注重实用性和可操作性，而不仅仅是提出形式化的概念。实用的评价指标体系要能够科学有效地体现出评价客体的科技创新能力，并且使用者能够通过该评价结果间接了解到评价客体的科技创新能力不足之处。指标体系构建的可操作性原则是指在指标具体操作环节中，指标数据容易收集，评价方法易实施操作。

4. 过程与结果并顾性原则

电力企业科技创新的周期长，是一个持续且复杂的阶段，且需要大量的资金和人才投入，所以应选择过程指标与结果指标相结合的方法，更全面、更科学地描述电力企业科技创新能力。

7.1.3 科技创新能力评价指标体系

在总结和思考现有研究的基础上，基于电力行业内企业的特征，从科技创新评价指标池中选取适用于评价企业科技创新能力的指标，建立了企业科技创新能力评价指标体系，具体而言：

（1）创新投入方面。基于电力企业对科技创新的资金人员投入情况、科研合作以及科研机构发展情况，考察企业的科技创新投入力度、产学研开展情况和创新平台发展情况。

（2）创新管理方面。基于其企业战略管理能力、项目管理流畅程度、专利开发率以及创新激励成效，考察企业的管理层的科技创新管理能力。

（3）创新成果方面。为衡量企业科技创新能力的核心层面，包括成果产出和成果转化两个细分维度，前者基于企业的授权专利总数、科技创新获奖情况、论文发表以及技术标准数量，考察电力企业在当前创新管理的作用下创新投入转化为创造性成果的情况，后者基于企业的创新产品销售比例和知识产权成果转化率，考察了电力企业科技成果产出的转化情况。

（4）创新绩效。基于电力企业的创新产品销售的相关数据以及企业技术市场交易额、每万元产值能源消耗降低率、二氧化碳减排量相关产业的带动作用等情况，考察电力企业科技创新对企业经济收入及其关联的民生福祉的促进作用。

所建立的科技创新能力评价指标体系包含 3 个层级、4 个方面准则和 33 个评价指标。具体指标及定义见表 7 - 1。

表 7 - 1 所设置的四项一级指标中，创新投入和创新产出所考核的内容参考了《中国企业创新能力评价报告》中提出的企业科技创新能力评价指标体系，创新投入指标下的二级指标创新平台的设置主要考核企业独立科研机构的运行能力和科技计划项目承担情况，反映了电力企业自身的科研创新能力和创新表现；创新管理指标主要考核企业在创新战略管理、创新项目运营管理以及创新激励等方面考察企业的科技创新能力，设置这一指标主要是基于当前我国部分电力企业科技创新战略不清、科技创新项目管理混乱、创新激励机制低效等状况。创新绩效主要体现了电力企业科技创

表 7-1 企业科技创新能力评价指标体系

一级指标	二级指标	三级指标	指标定义及计算方法
A 创新投入	A1 投入资源	A11 科技活动投入总额	指年度内用于科学研究与试验发展（R&D）、研究与试验发展（R&D）成果应用以及科技服务活动的实际经费支出
		A12 研发投入总额	指企业在产品、技术、材料、工艺、标准的研究、开发过程中发生的各种费用
		A13 科研经费投入强度	年度科研经费投入占年度营业收入的比重
		A14 国际合作投入比例	在科技创新投入总额中，国际合作方面的投入占比
		A15 政府资金	为开展科技创新活动，由政府部门拨付的资金
		A16 人才当量密度	指公司的人才组成结构
		A17 科技活动人员投入强度	年度直接从事科研人员数量占全体员工的比重
		A18 科研设备设施投入强度	本年度在科研设备设施方面的投入加上往年投入的科研设备设施折旧
	A2 产学研合作	A21 产学研合作项目数量	指建立在契约关系上的，企业与高等学校、科研院所在风险共担、互惠互利、优势互补、共同发展的机制下开展的合作创新成立的科技项目
		A22 产学研合作项目支出比例	指产学研合作项目投入占科技创新总投入的比重
		A23 产业技术创新战略联盟参与度	指集团公司参加产业技术创新战略联盟的程度
	A3 创新平台	A31 独立设立科研机构数量	指公司自主成立的科研机构级别和数量
		A32 共建科研机构数量	指公司与国内外其他组织共同成立的科研机构级别和数量，按照科研机构级别，采用加权法计算
		A33 承担科技计划项目/课题数量	指本年度公司承担的科技计划项目/课题数量
		A34 标准化组织参与程度	指公司参与国内外标准化组织的程度

一级指标	二级指标	三级指标	指标定义及计算方法
B 创新管理	B1 创新管理	B11 科技战略管理能力	指公司根据发展目标，制定的战略体系和制度的完善度，以 100 分为满分。评分标准： (1) 是否制定了科技发展战略规划； (2) 是否滚动修编来科技战略规划； (3) 科技战略规划的完成水平
		B12 项目管理流程流畅程度	指公司项目管理制度体系的完善程度和项目计划完成情况。评分标准： (1) 是否具有完备的机构和制度体系； (2) 项目计划完成情况（包括时间进度和经费使用情况）
		B13 专利开发率	指科技项目申请专利的比例
		B14 创新激励成效	指企业根据外部环境和内部条件，为实现企业技术创新战略，制定的相应的激励措施
C 创新成果	C1 成果产出	C11 授权专利总数	公司年度获得授权的专利数量
		C12 授权发明专利总数	公司年度获得授权的发明专利数量
		C13 科技创新获奖	指公司在进行科技创新活动中获得的各类奖项
		C14 发表论文数量	指公司在进行科技创新活动中发表的各类论文
		C15 技术标准数量	指公司在进行科技创新活动中主持或参与的技术标准
	C2 成果转化	C21 创新产品销售比例	指公司的创新产品销售收入在总销售收入中的比重
		C22 知识产权成果转化率	指公司科技成果转化程度，科技成果包括专利、软著、科研成果、专有技术等
D 创新绩效	D1 经济效益	D11 创新产品销售、转让收入	指公司通过创新产品的销售、科技成果转让等带来的收入
		D12 创新产品创汇率	指公司的创新产品在国外市场的销售收入占总销售收入的比重
		D13 创新产品利税率	计算方法：（利润总额＋销售税及附加）/批量生产的新技术产品的销售收入
	D2 社会效益	D21 技术市场交易额	指公司在技术市场上交易总额
		D22 每万元产值能源消耗降低率	指公司年度能耗下降比率

一级指标	二级指标	三级指标	指标定义及计算方法
D 创新绩效	D2 社会效益	D23 二氧化碳减排量	指公司年度二氧化碳减排量
		D24 相关产业的带动作用	指公司通过科技创新，由于行业技术进步、产品更新换代等对上中下游产业起到的带动作用，反映科技创新能够对行业科研、装备等各方面所产生的作用及影响

新为电力企业带来的经济效益和社会效益，在社会效益的指标设计中，考虑到电力企业的行业特殊性，增加了二氧化碳减排量和相关产业的带动作用这两项三级指标。

7.2 科技创新能力评价方法

7.2.1 AHP-熵权法指标权重计算

AHP-熵权法是一种综合确定权重的方法，是 AHP 法和熵权法两种方法的集成。AHP 法通过将评价体系中的各个影响因素划分为相互联系的不同层次，并基于实际经验与主观判断，对各层指标进行相对重要性的比较，再通过各层之间的总排序计算，进而求得权重，是一种主观赋权法。熵权法基于样本的实际数据，通过数学计算确定目标权重，是一种客观赋权法。考虑到主客观因素的影响，AHP-熵权法将 AHP 和熵权法结合起来，调和了专家的主观偏好和客观具体数据两方面的影响，使得最终得出的指标权重更加科学、实用。

AHP-熵权法的运算思路为：分别使用 AHP 法和熵权法求得指标权重，再基于实际问题，选择乘法或非线性综合法得出优化权重组合，具体计算步骤如下。

1. AHP 法计算指标权重

（1）构建层次结构模型。

AHP 法求解指标权重首先要对研究主体的各个影响因素进行分析梳理，构造出一个有层次的结构模型。在这个模型下，评价的目标、考虑的准则和具体影响因素按它们之间的相互关系分为目标层、准则层和指标层。对于相邻的两层，上一层的元素作为准则对下一层的有关元素起支配作用。

（2）构造判断矩阵。

从层级结构模型的准则层开始直到最下层，对于与上一层的某一个元素相关的同一层诸元素，采用两两比较的方式确定元素之间的相对重要性，根据比例标度表 7-2 确定比较结果的值，构造判断矩阵 $\boldsymbol{C}$ 为

$$\boldsymbol{C} = (c_{ij})_{n \times n} = \begin{bmatrix} c_{11} & c_{12} & \cdots & c_{1n} \\ c_{21} & c_{22} & \cdots & c_{2n} \\ \vdots & \vdots & \ddots & \vdots \\ c_{n1} & c_{n2} & \cdots & c_{nn} \end{bmatrix} \tag{7-1}$$

式中：c_{ij} 表示的是第 i 个元素相对于第 j 个元素的比较结果，且 $c_{ij} > 0$，$c_{ij} = \dfrac{1}{c_{ji}}$。

表 7-2　　　　　　　　　　比 例 标 度 表

比较结果	重 要 程 度
$c_{ij} = 1$	元素 i 与元素 j 对上一层次因素的重要性相同
$c_{ij} = 3$	元素 i 比元素 j 略重要
$c_{ij} = 5$	元素 i 比元素 j 重要
$c_{ij} = 7$	元素 i 比元素 j 重要得多
$c_{ij} = 9$	元素 i 比元素 j 的极其重要
$c_{ij} = 2n$, $n = 1, 2, 3, 4$	元素 i 与 j 的重要性介于 $c_{ij} = 2n-1$ 与 $c_{ij} = 2n+1$ 之间

（3）层次单排序及其一致性检验。

通过得出的判断矩阵，计算出对上一层某个元素来说本层与其有关的元素的重要性排序，这个过程称为层次单排序。进行层次单排序需要计算出判断矩阵的最大特征根 $\lambda_{\max}$ 及其所对应的特征向量，特征向量经过归一化处理后记为 w，w 中的元素为同一层次元素对于上一层次某元素相对重要性的排序权值。能否确认排序权值，需要进行一致性检验。一致性是指

比较结果前后完全一致，即判断矩阵 C 的元素满足：$c_{ij}c_{jk}=c_{ik}$，$\forall i,j,k=1,2,\cdots,n$。所谓一致性检验就是判断矩阵是否严重地非一致。

计算一致性指标 CI，CI 越小，说明一致性越大。CI 的计算公式为

$$CI=\frac{\lambda_{\max}-n}{n-1}(n \text{ 为判断矩阵阶数}) \tag{7-2}$$

引入随机一致性指标 RI，用来为衡量 CI 的大小。随机一致性指标 RI 只与判断矩阵的阶数有关，对应关系见表 7-3。

表 7-3　　　　　　　　**R I　取　值　表**

n	1	2	3	4	5	6	7	8	9	10
RI	0	0	0.58	0.90	1.12	1.24	1.32	1.41	1.45	1.49

计算检验系数 CR 为

$$CR=\frac{CI}{RI} \tag{7-3}$$

当 $CR<0.10$ 时，说明判断矩阵的一致性是可以接受的，否则说明判断矩阵没有通过一致性检验，需要对判断矩阵适当进行调整。

（4）层次总排序及一致性检验。

通过上一步的计算得到了各层次因素对于上一层的权值，然后计算某一层次所有元素对于最高层（总目标）相对重要性的权值。

假设中间层次（A 层）包含 m 个元素：$A_1,A_2,\cdots,A_m$，它们对总目标的排序权重分别为 $a_1,a_2,\cdots,a_m$，最底层次（B 层）包含 n 个元素：$B_1,B_2,\cdots,B_n$，它们关于 A_j（$j=1,2,\cdots,m$）的层次单排序权重分别为 $b_{1j},b_{2j},\cdots,b_{nj}$（当 B_i 与 A_j 无关联时，$b_{ij}=0$），求解 B 层各元素关于总目标的权重，即总排序权重，其计算公式为

$$b_i=\sum_{j=1}^m b_{ij}a_j, \quad i=1,2,\cdots,n \tag{7-4}$$

对于层次总排序的结果也需要进行一次性检验，假设 B 层中与 A_j（$j=1,2,\cdots,m$）相关的元素的判断矩阵在单排序中已经通过了一致性检验，求得单排序一致性指标为 CI_j，及相对应的平均随机一致性指标 RI_j，则 B 层总排序随机一致性比例为

$$CR = \frac{\sum\limits_{j=1}^{m} CI_j a_j}{\sum\limits_{j=1}^{m} RI_j a_j} \tag{7-5}$$

当 $CR < 0.10$ 时，认为层次总排序结果具有较满意的一致性并接受该分析结果。

2. 熵权法求解权重

首先对数据进行归一化处理。假设给出了 n 个指标，m 个样本数据，指标使用 $X_1, X_2, \cdots, X_n$ 表示，其中 $X_i = \{x_{i1}, x_{i2}, \cdots, x_{im}\}$，$x_{ij}$ 表示第 i 个指标在第 j 个样本中的值。设各项指标数据归一化后值为 $Y_1, Y_2, Y_3, \cdots, Y_n$。$Y_i$ 中的第 j 个元素 y_{ij} 的求解公式为

$$y_{ij} = \frac{x_{ij} - \min\{x_{i1}, x_{i2}, \cdots, x_{im}\}}{\max\{x_{i1}, x_{i2}, \cdots, x_{im}\} - \min\{x_{i1}, x_{i2}, \cdots, x_{im}\}} \tag{7-6}$$

或 $$y_{ij} = \frac{\max\{x_{i1}, x_{i2}, \cdots, x_{im}\} - x_{ij}}{\max\{x_{i1}, x_{i2}, \cdots, x_{im}\} - \min\{x_{i1}, x_{i2}, \cdots, x_{im}\}} \tag{7-7}$$

当指标为正向指标时，选用式（7-6）进行求解，当指标为负向指标时，则选用式（7-7）。

各指标在各方案下的比重 p_{ij}，计算公式为

$$p_{ij} = \frac{y_{ij}}{\sum\limits_{j=1}^{m} y_{ij}} \quad i = 1, 2, \cdots, n \quad j = 1, 2, \cdots, m \tag{7-8}$$

各指标的信息熵计算公式为

$$E_j = -\frac{1}{\ln m} \sum\limits_{j=1}^{m} p_{ij} \ln p_{ij} \tag{7-9}$$

其中，$E_j \geqslant 0$，若 $p_{ij} = 0$，定义 $E_j = 0$。

通过信息熵可计算得出各个指标的权重为

$$w_j = \frac{1 - E_j}{n - \sum E_j} j = 1, 2, \cdots, m \tag{7-10}$$

3. AHP 熵权法组合求解综合权重

经 AHP 法和熵权法，得到了某评价指标的主观权重 ω_1 和客观权重 ω_2，依据这 2 个权重来对组合权重进行求解。以下是两种常用的组合权重求解方式。

（1）组合方式一。

使用博弈论组合赋权法确定 ω_1、ω_2 的权重，然后对 ω_1 和 ω_2 进行加权求和求得组合权重。具体步骤为：

根据博弈论思想，以指标组合权重 W 与 ω_1 和 ω_2 离差之和最小为目标，建立目标函数，目标函数和约束条件如下：

$$\min(\|W-\omega_1\|_2 + \|W-\omega_2\|_2) = \min(\|\lambda_1\omega_1+\lambda_2\omega_2-\omega_1\|_2$$
$$+\|\lambda_1\omega_1+\lambda_2\omega_2-\omega_2\|_2) \tag{7-11}$$

s. t. $\quad\lambda_1+\lambda_2=1, \lambda_1, \lambda_2 \geqslant 0$

求解出最优的线性组合系数 λ_1，λ_2，此时的指标组合权重即为最优组合权重。

（2）组合方式二。

使用组合赋权公式计算综合权重 W，组合赋权公式为

$$W_j = \frac{\omega_{1j}\omega_{2j}}{\sum\omega_{ij}\omega_{2j}} \tag{7-12}$$

式中：W_j、ω_{1j}、ω_{2j} 分别为组合权重 W、主观权重 ω_1、客观权重 ω_2 的第 j 项元素。

7.2.2　TOPSIS 法综合评价

TOPSIS 法（technique for order preference by similarity to an ideal solution），又称为优劣解距离法，该方法根据评价对象与理想化目标的接近程度进行排序，能够充分利用原始数据的信息，其结果能够很好地反映各评价方案之间的差距，是一种非常有效的多目标决策分析方法。TOPSIS 法的基本过程是：对原始数据矩阵正向化处理，得到正向化矩阵，再对正向化矩阵进行标准化处理，消除各指标量纲的影响，通过假定正理想解、负理想解，测算评价对象与正、负理想解的距离，获得各评价对象其与正理想解的相对贴近度，以此作为评价优劣的依据，并对各评价对象的优劣排序。该方法对数据分布及样本含量没有严格限制，计算过程简单易行，具体步骤及概念如下所述。

1. 对原始数据矩阵正向化处理

在处理数据时，不同评价指标的评价方式也是不同的，有些指标的数

据越大越好，有些则是越小越好，有些则是越接近某个值越好。因此，为了方便找出正理想解和负理想解，需要对原始数据进行正向化处理。可以将待处理的指标分为4类，见表7-4。

表7-4　　　　　　　　　　　　　指　标　分　类

指标类别	指标特点	例　子
极大型（效益型）指标	越大（多）越好	总资产增长率、合格率、企业利润
极小型（成本型）指标	越小越好	费用、废品率、负债总额
中间型指标	越接近某个值越好	过滤精度值
区间型指标	落在某个区间最好	室温、资产负债率

除极大型指标外，其他三种指标需要进行正向化处理。

极小型指标：

$$x_i' = \max - x_i \qquad (7-13)$$

中间型指标：若其最佳数值是 x_best，定义 $M = \max(|x_i - x_\text{best}|)$，则

$$x_i' = 1 - \frac{x_i - x_\text{best}}{M} \qquad (7-14)$$

区间型指标：对于区间型指标，若其最佳区间是 $[a, b]$，取 $M = \max\{a - \min, \max - b\}$，则

$$x_i' = \begin{cases} 1 - \dfrac{a - x_i}{M} & x_i < a \\ 1 & a \leqslant x_i \leqslant b \\ 1 - \dfrac{x_i - b}{M} & x_i > b \end{cases} \qquad (7-15)$$

2. 数据标准化处理

为了消除不同数据指标量纲的影响，需要对已经正向化的矩阵进行标准化处理。假设有 n 个需要评价的对象，m 个已经正向化的评价指标构成的正向化矩阵 $\boldsymbol{X}$ 为

$$\boldsymbol{X} = \begin{bmatrix} x_{11} & x_{12} & \cdots & x_{1m} \\ x_{21} & x_{22} & \cdots & x_{2m} \\ \vdots & \vdots & \ddots & \vdots \\ x_{n1} & x_{n2} & \cdots & x_{nm} \end{bmatrix} \qquad (7-16)$$

记标准化后的矩阵为 $\boldsymbol{Z}$，$\boldsymbol{Z}$ 中的每个元素为

$$z_{ij} = \frac{x_{ij}}{\sqrt{\sum_{i=1}^{n} x_{ij}^2}} \tag{7-17}$$

$$\boldsymbol{Z} = \begin{bmatrix} z_{11} & z_{12} & \cdots & z_{1m} \\ z_{21} & z_{22} & \cdots & z_{2m} \\ \vdots & \vdots & \ddots & \vdots \\ z_{n1} & z_{n2} & \cdots & z_{nm} \end{bmatrix} \tag{7-18}$$

由于各评价指标的重要程度不同，将标准化后的矩阵 $\boldsymbol{Z}$ 与各指标的总排序权重 w_j 相乘，得出权重规范化矩阵 $\boldsymbol{H}$ 为

$$\boldsymbol{H} = [h_{ij}] = \begin{bmatrix} z_{11}w_1 & z_{12}w_2 & \cdots & z_{1m}w_m \\ z_{21}w_1 & z_{22}w_2 & \cdots & z_{2m}w_m \\ \vdots & \vdots & \ddots & \vdots \\ z_{n1}w_1 & z_{n2}w_2 & \cdots & z_{nm}w_m \end{bmatrix} \tag{7-19}$$

3. 确定正负理想解

正理想解是指各指标都达到最优的值，同样负理想解是指各指标都为最差的值。正、负理想解计算公式为

$$h^{\text{正理想解}} = (\max\{h_{11}, h_{21}, \cdots, h_{n1}\}, \max\{h_{12}, h_{22}, \cdots, h_{n2}\}, \cdots,$$
$$\max\{h_{1m}, h_{2m}, \cdots, h_{nm}\}) \tag{7-20}$$

$$h^{\text{负理想解}} = (\min\{h_{11}, h_{21}, \cdots, h_{n1}\}, \min\{h_{12}, h_{22}, \cdots, h_{n2}\}, \cdots,$$
$$\min\{h_{1m}, h_{2m}, \cdots, h_{nm}\}) \tag{7-21}$$

4. 计算各个评价对象到正、负理想解的距离

到正理想解的距离为

$$D_i^+ = \sqrt{\sum_{j=1}^{m} (h_{ij} - h_j^{\text{正理想解}})^2} \quad i = 1, 2, \cdots, n \tag{7-22}$$

到负理想解的距离为

$$D_i^- = \sqrt{\sum_{j=1}^{m} (h_{ij} - h_j^{\text{负理想解}})^2} \quad i = 1, 2, \cdots, n \tag{7-23}$$

5. 计算各评价对象与最优方案的贴近程度 C_i

$$C_i = \frac{D_i^-}{D_i^+ + D_i^-} \quad i = 1, 2, \cdots, n \tag{7-24}$$

其中，C_i 的取值范围为 $[0，1]$，C_i 越接近 1，表明该评价对象评分越好。

6. 评价各对象科技创新能力

根据 C_i 大小进行排序，依据排序结果，便可以得出各评价对象科技创新能力的优劣。

7.3　实证分析

7.3.1　样本选择与数据准备

为验证本章所介绍的企业科技创新能力综合评价方法，实证部分选取了 9 家具有代表性的电力行业内公司（M1～M9）作为科技创新能力评价对象，以 2020 年为考核年横向比较这九家公司的科研创新能力。依据前面列出的统计口径和赋分的要求，采集了各个企业在 2020 年的相关数据。为使样本各指标数据具有可比性，对获得的各公司数据进行无量纲化处理，然后依次进行后续计算。

7.3.2　AHP-熵权法计算

依据 AHP-熵权法的计算步骤，结合 Python 软件分别计算出各指标的主观权重和客观权重，最终确定组合权重，计算步骤如下：

（1）对指标的重要性进行两两比较，按照 1～9 比例标度法分别构造出 A～D，A1～A3，C1～C2，D1～D2，A11～A18，A21～A23，A31～A34，B11～B14，C11～C15，C21～C22，D11～D13，D21～D24 共 12 个判断矩阵，进行层次单排序和层次总排序计算，并进行一致性检验。结果显示层次单排序和总排序的一致性检验结果均满足 $CR<0.1$，这说明模型中所构建的矩阵和层次的总排序具有令人满意的一致性。得出的各指标 AHP 权重见表 7-5。

（2）对选取的 9 家公司 2020 年的各项指标数据，利用熵权法求解各指标客观权重，其中定量指标数据由企业调研获得，定性指标数值由专家打分获得。结合上一步求出的 AHP 权重，采用组合赋权公式（7-12）来计算组合权重，各指标的熵权法权重值以及组合权重值结果见表 7-5。

表 7 - 5　　　　　　　　　　科技创新能力评价指标权重

一级指标	AHP 权重	二级指标	AHP 权重	三级指标	AHP 权重	熵权法权重	组合权重
A	0.431	A1	0.172	A11	0.039	0.026	0.030
				A12	0.056	0.030	0.050
				A13	0.027	0.013	0.010
				A14	0.012	0.032	0.011
				A15	0.009	0.055	0.015
				A16	0.005	0.015	0.002
				A17	0.022	0.014	0.009
				A18	0.003	0.078	0.007
		A2	0.172	A21	0.093	0.024	0.067
				A22	0.051	0.063	0.096
				A23	0.028	0.016	0.013
		A3	0.086	A31	0.028	0.020	0.017
				A32	0.006	0.029	0.005
				A33	0.040	0.038	0.045
				A34	0.013	0.023	0.009
B	0.138	B1	0.138	B11	0.019	0.015	0.009
				B12	0.010	0.012	0.004
				B13	0.045	0.021	0.028
				B14	0.064	0.011	0.021
C	0.207	C1	0.103	C11	0.008	0.025	0.006
				C12	0.034	0.039	0.040
				C13	0.013	0.016	0.006
				C14	0.020	0.026	0.016
				C15	0.030	0.026	0.023
		C2	0.103	C21	0.069	0.064	0.132
				C22	0.034	0.048	0.049

续表

一级指标	AHP 权重	二级指标	AHP 权重	三级指标	AHP 权重	熵权法权重	组合权重
D	0.224	D1	0.149	D11	0.074	0.052	0.115
				D12	0.046	0.084	0.115
				D13	0.029	0.016	0.014
		D2	0.075	D21	0.017	0.029	0.015
				D22	0.017	0.011	0.006
				D23	0.032	0.011	0.011
				D24	0.009	0.015	0.004

7.3.3　TOPSIS 法综合评价

企业科技创新能力评价中所有指标均为极大型指标，即指标的值越大越好，因此不用考虑正向化的问题。结合上一步所求得的各指标组合权重，由式（7－17）、式（7－19）计算出加权规范矩阵，由式（7－20）、式（7－21）计算出各评价指标的正、负理想解；然后根据式（7－22）、式（7－23）计算各个评价对象到正、负理想解的距离，再由式（7－24）测算出这 9 家公司的贴进度，将这 9 家企业按照贴进度大小进行排序，贴进度越大排序越高，说明企业科技创新能力越高。各评价对象到正、负理想解的距离以及排序结果见表 7－6。

表 7－6　　　　　　TOPSIS 法计算企业科技创新能力得分

排名	公司	到正理想解的距离	到负理想解的距离	贴进度
1	M7	0.3882	0.329	0.5413
2	M2	0.2951	0.4209	0.4122
3	M6	0.2935	0.4201	0.4113
4	M3	0.2817	0.4179	0.4026
5	M5	0.2918	0.4384	0.3996
6	M9	0.2618	0.4321	0.3774

排名	公司	到正理想解的距离	到负理想解的距离	贴进度
7	M4	0.2243	0.4547	0.3303
8	M8	0.2142	0.4977	0.3009
9	M1	0.1679	0.5207	0.2439

7.3.4 结果分析

对各级指标权重结果进行分析，可以得出如下结论：

一级指标中创新投入 A 所列举的影响因素最多，权重数值最大，这说明科技投入是影响科技创新能力的重要因素，有效的科技投入在推动企业科技创新能力提升上起到关键作用。从创新投入 A 的二级指标权重数值来看，投入资源 A1、产学研合作 A2 是影响创新投入 A 的关键因素，对企业科技创新能力影响较大，这说明增加企业创新资源投入、加强产学研合作和提高企业创新经济效益是提升企业科技创新能力综合水平的重要手段。在中国经济发展新形势下，企业必须充分认识到科技创新研究投入的重要意义，把科技创新资源投入作为战略性投资，提升科技创新研究经费投入的有效性和针对性，加强"产学研"合作，切实增强企业科技创新综合能力水平，以不断提高企业核心竞争力。

一级指标创新管理 B 仅含一个二级指标，其三级指标中创新激励成效 B14 权重较高，这说明企业要想拥有较高的科技创新水平离不开一个良好的创新激励机制，良好的创新激励机制可以为科技创新提供持续性动力，有利于企业科技创新氛围的形成和创新型人才的培养。

创新成果 C 中包含成果产出 C1 和成果转化 C2 两个二级指标，这两个指标权重相同，这说明企业要对科技成果的产出和转化同等重视。科技成果的产出为科技成果转化提供了基础，科技成果转化又将科技成果转化为现实生产力，提高了生产活动的效率和效益，提高了企业的竞争力和经济效益，又反过来促进了企业科技成果的产出。企业即要大力推进科技成果产出，又要完善企业科技成果转化机制，推进科技成果转化。

创新绩效 D 中经济效益 D1 重要性较高，这说明提高企业创新经济效益也是提升企业科技创新能力重要措施。

从 TOPSIS 评价结果来看，这 9 家公司可以分为 3 个梯队，第一梯队 M7、M2、M6 和 M3（得分在 0.40 以上）；第二梯队 M5、M9、M4 和 M8（得分在 0.30 以上）；第三梯队 M1（得分在 0.30 以下）。第一梯队中的企业科技创新能力综合水平较强，分析公司样本数据特点可以发现，这几家公司在科技活动投入总额、研究投入总额、人才当量密度、项目管理流程流畅程度、发表论文数量、创新产品销售/转让收入等指标上明显优于其他公司。这些企业应当继续保持在科技活动和创新研究上的投入，提高资金使用效率，同时不断完善企业创新研发体系，注重创新人才的培养和发展，推动产学研深度融合实现，发挥科技创新带头作用。处于第二梯队的这些企业的各项指标大多处于良好水平，但是在部分指标上存在不足。这些企业要分析自身科技创新能力的不足，在弥补不足的同时，加大研发资金的投入，提高企业管理水平，完善科技成果转化机制，以提高企业科技创新能力。处于第三梯队的企业只有企业 M1，这说明该企业的科研创新能力水平较弱，需要进一步提升综合科研创新能力。从企业 M1 指标数据来看，该企业在产学研合作项目数量、产学研合作项目支出比例、授权发明专利总数和创新产品销售比例与其他公司存在较为明显的差距，可以通过加强产学研合作、加大科技活动投入，增大产学研合作项目支出，加快推进科技创新成果转化和应用等措施来不断提升综合科研创新能力。

7.4　本章小结

本章在现有研究的基础上，从创新投入、创新管理、创新成果和创新绩效四个方面来构建科技创新能力评价指标体系，对电力企业科技创新能力进行全面的分析。在评价指标体系建立后，本章采用 AHP - 熵权法与 TOPSIS 法相结合的方式来对企业科技创新能力进行评价，并选取了 9 家电力企业进行实证分析，求得了各企业的综合科技创新能力得分和排名，对企业创新能力进行了鉴定。验证了本章提出的电力企业科技创新评价指标体系和方法的可行性。

附录1 科技创新评价指标体系数字字典

一级指标	二级指标	三级指标	指标类型/单位	指标定义及计算方法	指标含义
创新投入 A	投入资源 A1	科技活动投入总额 A11	绝对指标/万元	指年度内用于科学研究与试验发展（R&D）、R&D成果应用以及科技服务活动的实际经费支出	衡量科技创新活动投入的财力资源总额
		研发投入总额 A12	绝对指标/万元	指企业在产品、技术、材料、工艺、标准的研究、开发过程中发生的各种费用	衡量在研发领域投入的财力资源总额
		科研经费投入强度 A13	相对指标/%	年度科研经费投入占年度营业收入的比重，计算方法：本年度研发经费支出额/本年度主营业务收入	衡量科技创新投入能力
		研发投入强度增长率 A14	相对指标/%	本年度研发投入强度相对上一年度的增长率	衡量企业科技创新投入强度的增长情况
		统筹研发经费出资 A15	绝对指标/万元	被评价主体作为甲方年度签署的统筹研发经费合同总额	衡量企业科技创新投入情况
		国际合作投入比例 A16	相对指标/%	在科技创新投入总额中，国际合作方面的投入占比，计算方法：年度国际合作投入总额/科技活动投入总额	衡量国际化合作程度
		外部引入科研经费 A17	绝对指标/万元	年度内获得的各部委、地方政府、外部企业等资金支持合同总额	衡量企业吸引科研资金的能力

一级指标	二级指标	三级指标	指标类型/单位	指标定义及计算方法	指标含义
创新投入 A	投入资源 A1	人才当量密度 A18	当量指标	指公司的人才组成结构，计算方法：人才当量密度＝∑折算值（职工学历、学位、职称、技能等级、优秀人才折算值）/全资控股企业全部长期合同制职工（不含内退职工）人数。其中：学历、学位折算系数：博士研究生（含博士学位）＝1.5，硕士研究生（含硕士学位）＝1.2，大学本科（含学士学位）＝1，大学专科＝0.8，中专、技校、职业高中＝0.6，高中＝0.4，初中及以下＝0。职称折算系数：高级职称＝1.2，中级职称＝1，初级职称＝0.6，无职称＝0。技能等级折算系数：高级技师＝1.3，技师＝1，高级工＝0.8，中级工＝0.6，初级工＝0.4，无技能等级＝0。优秀人才折算系数：院士＝10，国家级人才＝5，公司级人才＝2，双师型人才＝1.3。国家级人才包括："千人计划"人选、有突出贡献的中青年科学技术专家、享受国务院政府特殊津贴的专家人才、新世纪"百万人才工程"国家级人选、"中华技能大奖"获得者、全国技术能手、全国青年岗位能手等；公司级人才包括：由集团公司统一组织评选的优秀管理人才、技术人才和技能人才（或技术能手）。说明：双师型人才指同时具有技师及以上职业资格和工程师及以上技术职务的员工	衡量公司科技人才储备
		科技活动人员投入强度 A19	相对指标/%	年度直接从事科研人员数量占全体员工的比重，计算方法：本年度直接从事科研人员数量/年末从业人员总数	衡量公司科技创新人员的投入情况

续表

一级指标	二级指标	三级指标	指标类型/单位	指标定义及计算方法	指标含义
创新投入 A	投入资源 A1	科研设备设施投入强度 A20	相对指标/%	本年度在科研设备设施方面的投入加上往年投入的科研设备设施折旧，计算方法：科研设备设施年度投入加上往年投入折旧/科技活动投入总额	衡量科研设备设施投入情况
	产学研合作 A2	产学研合作项目数量 A21	绝对指标/个	指建立在契约关系上的，企业与高等学校、科研院所在风险共担、互惠互利、优势互补、共同发展的机制下开展的合作创新科技项目	衡量产学研合作数量
		产学研合作项目支出比例 A22	相对指标/%	指产学研合作项目投入占科技创新总投入的比重，计算方法：产学研合作项目支出/科技活动投入总额	衡量产学研合作支出水平
		产业技术创新战略联盟参与度 A23	当量指标	指集团公司参加产业技术创新战略联盟的程度，计算方法：根据公司在联盟中的作用设立权重，按牵头作用和参与作用设定不同权重采用加权法计算	衡量企业对行业创新活动的引领作用
	创新平台 A3	独立设立科研机构数量 A31	当量指标	指公司自主成立的科研机构级别和数量，按照科研机构级别，采用加权法计算	衡量公司独立成立科研机构能力
		共建科研机构数量 A32	当量指标	指公司与国内外其他组织共同成立的科研机构级别和数量，按照科研机构级别，采用加权法计算	衡量公司与其他组织共建科研机构能力
		承担科技计划项目/课题数量 A33	当量指标	指本年度公司承担的科技计划项目/课题数量，计算方法：按照科技计划项目/课题的级别加权计算	衡量公司项目管理能力
		标准化组织参与程度 A34	当量指标	指公司参与国内外标准化组织的程度，计算方法：以标准化组织的级别和公司人员在组织中的地位加权计算	衡量企业在国际标准组织提交标准提案、参与投票的能力

一级指标	二级指标	三级指标	指标类型/单位	指标定义及计算方法	指标含义
创新投入 A	创新平台 A3	认定为高新技术企业的个数 A35	绝对指标/个	指公司被认定为高新技术企业的个数	衡量企业进行科技创新活动基础实力
		专利拥有总量 A36	绝对指标/个	指企业专利拥有的数量	衡量企业科技创新产出实力
创新管理 B	创新管理 B1	科技战略管理能力 B11	定性指标	指公司根据发展目标，制定的战略体系和制度的完善度，以 100 分为满分。评分标准：（1）是否制定了科技发展战略规划；（2）是否滚动修编科技战略规划；（3）科技战略规划的完成水平	衡量企业科技创新战略导向及创新驱动发展能力
		项目管理流程流畅程度 B12	定性指标	指公司项目管理制度体系的完善程度和项目计划完成情况。评分标准：（1）是否具有完备的机构和制度体系；（2）项目计划完成情况（包括时间进度和经费使用情况）	衡量企业科技创新项目管理能力
		专利开发率 B13	相对指标/%	指科技项目申请专利的比例，计算方法为：申请专利数量/科技项目总数	衡量科技项目产出专利水平
		创新激励成效 B14	相对指标/%	指企业根据外部环境和内部条件，为实现企业技术创新战略，制定的相应的激励措施，计算方法：科研人员激励总额/工资总额	衡量公司激励制度的成效
创新成果 C	成果产出 C1	授权专利总数 C11	绝对指标/个	企业年度获得授权的专利数量	衡量企业科技创新产出规模
		授权发明专利总数 C12	绝对指标/个	公司年度获得授权的发明专利数量；如需考虑申请未授权的发明专利，则将未获得授权的专利乘较低权系数	衡量企业科技创新产出能力

一级指标	二级指标	三级指标	指标类型/单位	指标定义及计算方法	指标含义
创新成果C	成果产出C1	科技创新获奖 C13	当量指标	指公司在进行科技创新活动中获得的各类奖项，计算方法：按照国家级、省部级（国家级行业协会奖）、集团级奖项进行加权计算	衡量企业科技创新产出能力
		发表论文数量 C14	当量指标	指公司在进行科技创新活动中发表的各类论文，计算方法：按照各类论文加权计算	衡量企业科技创新产出能力
		技术标准数量 C15	当量指标	指公司在进行科技创新活动中主持或参与的技术标准，计算方法：按照标准级别和公司参与程度进行加权计算	衡量企业科技创新产出能力
		新增技术人才评定数 C16	绝对指标/人	指统计期内新增纳入国资委年度科技情况调查的国家级/省部级特殊人才和纳入上级单位相关人才计划的人才当量得分。折算方式为：获得国家级/省部级特殊人才权重按每人3000、1500，获上级单位相关人才计划，"院士候选人""优秀科技创新带头人""优秀青年科技创新人才"权重分别按每人1000、150、9进行计算，折算总分计算公式：指标绩效得分＝∑（特殊人才数量×对应权重），按得分排序	衡量企业人才培养、产出能力
		开发新产品项数 C17	绝对指标/项	指公司年度开发新产品项数	衡量企业开发新产品的能力
	成果转化C2	创新产品销售比例 C21	相对指标/%	指公司的创新产品销售收入在总销售收入中的比重，计算方法：年度创新产品销售收入/年度总销售收入	衡量企业科技创新效益
		知识产权成果转化率 C22	相对指标/%	指公司科技成果转化程度，科技成果包括专利、软件著作权、科研成果、专有技术等，计算方法：当年转化总数/拥有总数	反映企业科技创新成果转化的能力

一级指标	二级指标	三级指标	指标类型/单位	指标定义及计算方法	指标含义
创新绩效 D	经济效益 D1	创新产品销售、转让收入 D11	绝对指标/万元	指公司通过创新产品的销售、科技成果转让等带来的收入	衡量企业经营知识产权实现的收益水平
		创新产品销售利润 D12	绝对指标/万元	指公司通过高新技术企业节税、研发费用加计扣除得到的利润红利	衡量企业创新产品实现的收益水平
		创新产品创汇率 D13	相对指标/%	指公司的创新产品在国外市场的销售收入占总销售收入的比重，计算方法：创新产品出口销售收入/企业产品销售收入总额	衡量企业科技创新国际化水平
		创新产品利税率 D14	相对指标/%	计算方法：（利润总额＋销售税及附加）/（批量生产的新技术产品的销售收入）	衡量企业科技创新带来的盈利能力
	社会效益 D2	技术市场交易额 D21	绝对指标/万元	指公司在技术市场上的交易总额	衡量承担经济社会责任能力
		每万元产值能源消耗降低率 D22	相对指标/%	指公司年度能耗下降比率，计算方法：（每万元上年度能耗－每万元本年度能耗）/每万元上年度能耗	衡量企业节能责任
		二氧化碳减排量 D23	绝对指标/吨	指公司年度二氧化碳减排量	衡量减排能力
		相关产业的带动作用 D24	定性指标	指公司通过科技创新，由于行业技术进步、产品更新换代等对上中下游产业起到的带动作用，反映科技创新能够对行业科研、装备等各方面所产生的作用及影响，计算方法：专家打分法	衡量企业行业带动作用

附录 2 科技成果价值评估实施细则

一、总 则

第一条 为了分析科技投入的有效性，鼓励科技创新，促进科技成果转化，据《中华人民共和国促进科技成果转化法》、科技部《科学技术评价办法（试行）》、《科技评估管理暂行办法》及《科技成果评价试点工作方案》等有关规定，结合电力行业实际情况，制定本办法。

第二条 本办法评估的科技成果包括具有实用价值的新技术、新工艺、新方法、新材料、新设计、新产品、新软件等。

第三条 科研部是科技成果价值评估的对口管理部门。

二、成果价值评估范围和指标

第四条 本办法适用于所有公司开展的科研项目，对于公司资助金额大于 50 万元的项目成果，必须开展科技成果价值评估工作。

第五条 科技成果价值评估的主要评估指标包括：技术自主创新程度、技术应用和成果转化程度、对公司和本单位技术进步和产业发展的贡献程度、经济价值（包括经济效益绝对值和投入产出比）、项目成果等。科技成果价值评估指标表见附件 2-1。

三、成果价值评估方法和程序

第六条 科技成果价值评估可以采取现场评估和函审评估两种形式。

现场评估：需要对成果进行现场考察、测试，或需要经过答辩和讨论才能做出评估的，可以采用现场评估形式。

函审评估：不需要进行现场考察、答辩和讨论即可做出评估的，可以采用函审评估形式。通过书面审查有关资料，对科技成果价值做出评估。函审评估必须出具评估专家签字的书面评估意见。

第七条　科技成果价值评估分为事先评估、事后评估和跟踪评估三类。

第八条　在项目立项时，应进行科技成果价值事先评估，结合立项评审进行预期形成科技成果价值的预评估，确定项目预期成果目标，并在任务合同书中明确。

第九条　在项目实施时，应结合项目监督检查，对项目预期成果目标的完成情况进行检查评估。

第十条　在项目验收时，应进行科技成果价值事后评估，一般在项目验收后开展或与项目验收同时开展，评估成果是否达到了预期目标。

第十一条　对于重点项目，在成果产业化应用后，还应进行跟踪评估，通过跟踪评估，了解科技成果目标制定、计划执行和应用推广等整体效果，从而为后期的科技活动决策提供参考。

第十二条　科技成果价值评估按下列程序进行：

1. 科研项目承担单位提交科技成果价值评估所需相关材料。

2. 科研部收到材料后组织开展科技成果价值评估。

3. 企业技术中心主持开展科技成果价值评估工作。

4. 选聘熟悉被评估成果行业领域的 5～7 名专家组成评估专家组，其中应包括 1 名经营管理方面的专家，并指定评估组组长。

5. 通过现场评估或函审评估方式完成成果价值评估。每位评估专家独立打分、给出评估意见，并签字确认。

6. 评估组长综合归纳每位评估专家的评估意见形成专家组评估结论，每位评估专家评分的平均值作为成果价值评估的最后得分。

7. 完成科技成果价值评估报告。

四、评估专家的条件和工作要求

第十三条　评估专家应具备以下条件：

1. 具有系统、扎实的基础理论和专业知识，对本专业领域有深入和独到见解，在行业内具有较高的知名度和影响力。

2. 具有良好的道德品质，工作态度严谨，有强烈的责任感。

3. 聘请的经营管理方面的专家应熟悉评估成果所属领域的经营发展状况。

4. 参与被评估科研项目的人员不得聘为专家参加评估。

第十四条　评估专家应当坚持实事求是、客观公正、科学严谨的态度，遵守如下行为规范：

1. 维护评估成果所有者的知识产权，保守被评估成果的技术秘密。

2. 自觉坚持回避原则，不接受邀请参加与评估成果有利益关系或可能影响公正性的评估。

3. 不得收受除约定的咨询费之外的任何组织、个人提供的与评估有关的酬金、有价物品或其他好处。

4. 在提供评估意见的过程中，按照评估成果的客观事实情况进行评审和评议。评估报告和评估意见中的任何分析、技术特点描述、经济效益描述、结论，都应当以客观事实为依据。

第十五条　评估专家在成果价值评估中享有下列权利：

1. 对科技成果价值独立做出评估，不受任何单位和个人的干涉。

2. 要求科研项目承担单位提供充分、翔实的资料（包括必要的原始资料），向科技成果承担单位或者个人提出质疑并要求做出解释，要求复核试验或者测试结果。

3. 充分发表个人意见，有权要求在评估结论中记载不同意见。

4. 有权要求排除影响成果评估工作的干扰，必要时可向组织评估单位提出退出评估请求。

五、评估要求提交的资料

第十六条　科研项目承担单位一般应提交如下评估资料：

1. 成果技术研究报告，除包括项目基本情况介绍外，还应根据成果价值评估指标逐项进行分析说明。

2. 计算分析报告、测试分析报告及主要实验、测试记录报告。

3. 专业检测机构出具的产品检测报告。

4. 专业机构出具的查新报告。

5. 经济价值分析报告，内容包括：

（1）计算成果产生过程中的投入成本，包括设备费、材料费、外协费、软件费、差旅费、会议费、专家咨询费、知识产权及成果申请维护费、工资等成本。对于公司资助金额小于 50 万元的项目成果，其成本采用直接成本。

（2）计算成果的经济价值，估算科技成果对应产品未来年期的收益，分析该成果对收入的贡献程度，确定适当的收入分成率。

（3）结合项目投入成本和成果收益，分析成果的投入产出比。

（4）完成单位已经获得新增利润，或他人已经使用该项技术产生了经济效益、降低了成本的，应提供有关证明材料。

（5）项目成本和成果收益计算方法参考附件 2-3 进行分析。科技成果经济价值分析报告应经科研项目承担单位经营部门或财务部门的审核，并加盖其部门公章。

6. 知识产权等相关证明材料。

7. 评估所需的其他资料。

第十七条　结合立项评审或验收评审开展科技成果价值评估时，提交的立项评审或验收评审材料应同时满足成果价值评估要求。

六、评 估 报 告 及 结 论

第十八条　科技成果价值评估报告是评估工作和评估结论的书面正式陈述，评估报告的格式和要求见附件 2-2。

第十九条　评估报告应当有评估组长和评估专家的签字。

第二十条　评估结论。

1. 评估结论应根据评估成果的资料，在综合评估专家意见的基础上做出。

2. 科技成果价值评估采用定性与定量相结合的方式，评估结论中应给出被评估成果各指标实际达到水平，同时给出专家组的综合评分。

3. 科技成果价值评估综合评分高于 60 分（含 60 分）的科研项目，科技投入有效；综合评分高于 70 分的科研项目符合预期目标；综合评分高于 80 分的科研项目超出预期目标。

第二十一条　科技成果价值评估是科研项目管理的手段之一，其结论作为科研项目评价的依据。

七、评 估 结 果 管 理

第二十二条　已完成的科技成果，如其价值评估综合评分高于 80 分，优先推荐申报公司系统内外奖励，成果可优先在工程项目中推广应用。

第二十三条　已完成的科技成果，其价值评估报告可作为公司相关奖励评审时的依据之一。

第二十四条　科技成果价值预评估综合评分低于 60 分的项目，不予立项。科技成果价值预评估综合评分高于 80 分的项目，可优先考虑公司科研项目立项或优先推荐申报国家项目。

第二十五条　科技成果价值评估综合评分低于 60 分的科研项目，项目负责人 1 年内不得申请或者参与申请公司科研项目，一年后如申请公司科研项目，事先评估的综合评分应高于 80 分方可考虑其作为项目负责人立项。

第二十六条　对提供虚假科技成果价值评估数据和资料的，项目负责人 3 年内不得申请或者参与申请公司科研项目。

八、附　　则

第二十七条　本办法自试行工作正式启动之日起施行。

第二十八条　本办法最终解释权在科研部。

附件 2－1　科技成果价值评估指标

附表 2－1　　　　　　　　技 术 开 发 类

量化评价指标	指标含义	权重	80～100 分	60（含）～80（含）分	0～60 分
技术自主创新程度	在技术开发中解决关键技术难题并取得技术突破，掌握核心技术的程度	30%	有重大突破或自主创新，达到同类技术领先水平	有明显突破或自主创新，达到同类技术先进水平	创新程度一般，接近同类技术先进水平
技术应用和成果转化程度	技术达到实际应用的程度，及成果转化程度	15%	（1）成果转化程度高，市场需求度高；（2）成果技术成熟，并形成新产品、标准、专利、软件等	（1）成果的转化程度较高，市场需求度较高；（2）形成技术方法、中间产品、样机，相关工程、试验验证结论成立	（1）成果进一步开发后可应用，预期有一定市场需求；（2）形成技术概念或开发方案。关键技术、功能得到仿真验证
对公司和本单位技术进步和产业发展的贡献程度	指成果对解决公司和本单位发展的重点、难点和关键问题，推动产业结构调整和优化升级，提高企业竞争能力，以及推动专业发展中发挥的作用	20%	（1）显著促进公司和本单位科技进步，具有国际市场竞争优势；（2）为推动多个专业的发展起到重要作用；（3）显著推动国家产业升级、带动行业发展，社会效益显著	（1）推动公司和本单位科技进步作用明显，具有国内市场竞争优势；（2）为推动本专业的发展起到重要作用；（3）明显推动国家产业升级、带动行业发展，社会效益较大	（1）对公司和本单位科技进步推动作用一般，有一定市场竞争能力；（2）为推动本专业的发展起到一定作用；（3）推动国家产业升级、带动行业发展作用一般，社会效益一般
经济价值*	成果产生经济效益的绝对值	15%	经济效益在 1000 万元以上	经济效益在 200 万元以上	经济效益在 200 万元以下
	成果产生的经济效益与投入的比值	20%	成果产生的经济效益与投入的比值高	成果产生的经济效益与投入的比值较高	成果产生的经济效益与投入的比值一般

*　参照附录 1 计算。

附表 2－2　　　　　　　　　　应 用 基 础 研 究 类

量化评价指标	指标含义	权重	80～100分	60（含）～80（含）分	0～60分
技术自主创新程度	解决关键技术难题并取得技术突破，自主创新技术在总体技术中的比重	30%	有关键技术突破，且该项突破为前人尚未掌握	有主要技术创新，主要技术为前人尚未掌握	有一般技术改进，部分技术为前人尚未掌握
技术应用和成果转化程度	技术达到实际应用的程度，及成果转化程度	15%	（1）成果转化程度高，市场需求度高；（2）成果技术成熟	（1）成果转化程度较高，市场需求度较高；（2）完成基础性研究，并经过相关工程、试验验证	（1）进一步开发后可实际应用，有一定市场需求；（2）完成基础研究，主要内容得到仿真验证
对公司和本单位技术进步和产业发展的贡献程度	指对解决公司和本单位发展的重点、难点和关键问题，推动产业结构调整和优化升级，提高企业竞争能力，以及推动专业发展中发挥的作用	25%	（1）显著促进公司和本单位技术进步，提高企业在国际市场竞争优势；（2）为推动多个专业的发展起到重要作用；（3）显著推动国家产业升级、带动行业发展，社会效益显著	（1）推动公司和本单位技术进步作用明显，提高企业在国内市场竞争优势；（2）为推动本专业的发展起到重要作用；（3）明显推动国家产业升级、带动行业发展，社会效益较大	（1）对公司和本单位技术进步推动作用一般，可提高企业竞争能力；（2）为推动本专业的发展起到一定作用；（3）推动国家产业升级、带动行业发展作用一般，社会效益一般
经济价值（参照附录1计算）	成果产生经济效益的绝对值	10%	经济效益在500万元以上	经济效益在100万元以上	经济效益在100万元以下
	成果产生的经济效益与投入的比值	10%	成果产生的经济效益与投入的比值高	成果产生的经济效益与投入的比值较高	成果产生的经济效益与投入的比值一般

量化评价指标	指标含义	权重	80～100分	60（含）～80（含）分	0～60分
项目成果	是指经认定或公开发表成果的数量及质量	10%	（1）1篇及以上论文发表在具有国际影响力的期刊上； （2）或产生发明专利或2个以上实用新型专利； （3）或产生核心技术秘密或2个以上的一般技术秘密； （4）或产生2个以上软件著作权	（1）1篇及以上论文发表在国内核心期刊上； （2）或产生1个以上实用新型专利； （3）或产生1个以上的一般技术秘密； （4）或产生1个以上软件著作权	（1）1篇及以上论文发表在公开发行期刊上； （2）或产生1个及以下实用新型专利； （3）或产生1个及以下的一般技术秘密； （4）或产生1个及以下软件著作权

附件 2 - 2　科技成果价值评估报告

报告编号：

科技成果价值评估报告

成果名称：

承担单位：

评估形式：

组织评估机构：

评估完成日期：

撰 写 说 明

一、撰写本报告之前，应当仔细阅读《科技成果价值评估实施细则》。

二、报告格式说明。

本报告采用 A4 纸，左、右页边距为 28mm，上、下页边距为 30mm。每栏的大小可随内容调整。

三、报告内容应当打印；签字使用钢笔或者碳素笔。

四、"报告编号"的填写方法。

报告编号为八位，左起第一至四位为公历年代号。第五位为评估阶段缩写代码，立项阶段评估缩写代码为 L，验收阶段评估缩写代码为 Y，产业化跟踪阶段评估缩写代码为 G。第六至八位为报告序号，以上编号不足位的补零。

报告编号由公司科研部统一编定。

五、评估指标：是指反映评估成果的特征指标。

六、主要文件和资料，是指成果承担单位向组织评估单位提交的主要文件和资料，以及组织评估单位在评估中的所依据的其他文件、资料和标准等。

七、本报告中，凡是当事人约定认为无需填写的条款，在该条款填写的空白处画（/）表示。

成果名称						
成果类型		技术开发类	□	应用基础研究类		□
项目承担单位	名称					
	地址					
	负责人		电话		邮箱	
	联系人		电话		邮箱	
组织评估单位	名称					
	地址					
	联系人		电话		邮箱	
组织评估单位	名称					
	地址					
	联系人		电话		邮箱	

科技成果简介及主要指标情况说明

一、项目简介

二、项目主要技术创新点

三、预期成果应用和转化情况

四、预期成果对技术进步和产业发展的推动情况

五、预期成果经济价值分析

六、项目预期知识产权成果

专家组评估结论

评估组长签字：

年　　月　　日

评估专家名单					
姓　名	工作单位	职称	从事专业	联系电话	签　字

评估指标和评分	
1. 技术自主创新程度	
2. 技术应用和成果转化程度	
3. 对公司和本单位技术进步和产业发展的贡献程度	
4. 经济价值	
5. 项目成果	
综合评分	

注　指标 5. 项目成果不作为技术开发类成果评估的评估指标。

主要文件和资料目录
主持评估单位意见
主管领导签字： 　　　　　　年　　月　　日
组织评估单位意见
主管领导签字： 　　　　　　年　　月　　日

科技成果承担单位情况

序号	完成单位名称	邮政编码	详细通信地址	联系人	联系电话

主 要 研 制 人 员 名 单

序号	姓　名	性别	出生年月	技术职称	文化程度	工作单位	对成果创造性贡献
1							
2							
3							
4							
5							
6							
7							
8							
9							
10							

附件 2-3 科技成果经济价值计算方法

附表 3

项目成本计算方法

价值评估模型	模型参数	模型参数含义	模型参数的构成		第1年	第2年	第3年	第4年	第5年	合计	各指标含义及填写要求
$P=C1+C2$	C1	研制成本	1. 设备费	设备使用与折旧费							根据本成果研究过程中使用设备的时间或次数等,折算设备使用折旧费,包括通用设备和专用设备与租赁的费用,如设备还可用于后续其它项目研究,则成本需根据使用时间或次数等进行折算
				设备购置、改造与租赁费							
			2. 材料费	原材料费							指在成果研究过程中发生的各种材料使用、损耗的费用
				外购成品费							
				燃料动力费							
				技术资料费							
				办公材料费							
			3. 外协费								以外协合同签订的数额为依据
			4. 软件费	软件购置、使用费							指成果研究过程中各种软件的使用和维护费
				软件维护费							
			5. 差旅费								因本成果研究需要而发生的各种差旅费用
			6. 会议费								因本成果研究需要而发生的各种会务费
			7. 专家咨询费								包括设计评审费
			8. 知识产权成果申请维护费								指课题研究过程中各种知识产权成果的申请和维护费用

※ 参数数值/万元

132

续表

价值评估模型	模型参数	模型参数含义	模型参数的构成		第1年	第2年	第3年	第4年	第5年	合计	各指标含义及填写要求
$P=C1+C2$	C1	研制成本	9.工资费（承担研究任务配置、主要人员时间及费用表）	人员级别		正高级	副高级	中级	初级	其它	承担研究任务主要人员配置
				人员数量							项目参与人员的数量
				工作时间							项目参与的时间，按月计算
				平均工资标准							项目人员平均工资标准，含社保相关费用，单位为万元/（人·月）
				工资费合计							
			10.其他费用								指研制过程中需要的其它成本费用，包括摊销费、管理费用等
	C2	资金成本	研制成本×贷款利率×合理开发期/2								资金成本是指研究成果使用资金付出的代价。此处假设资金投入均匀，则资金成本＝研制成本×贷款利率×合理开发期/2
成果经济价值合计											成果经济价值 $P=$ 研制成本 C1＋资金成本 C2

附表 4

成果收益计算方法

价值评估模型	模型参数	模型参数含义	成果收益的构成	第1年	第2年	第3年	……	第 n 年
$P=\displaystyle\sum_{i=1}^{n}\frac{\eta \times R_i}{(1+r)^i}$	R	经济效益	(1) 直接经济效益					
			(2) 间接经济效益					
	η	销售收入分成率						
	n	收益计算年限						
	r	折现率						

附录3　企业科技创新效率评价实施细则

一、总　　则

第一条　为了规范科技创新效率评价工作过程，有效发挥评价工作优化完善企业科技创新体制机制、促进电力系统整体科技创新效率的提高的作用，特制定本细则。

第二条　进行企业科技创新效率评价应当充分考虑不同业务类型主体差异，有针对性建立可量化比较的科技创新效率评价体系，评价各单位科技创新活动的投入产出效率，为深入推进电力系统创新能力提升、创新成果培育和落地发挥引导和激励作用。

第三条　开展企业科技创新效率评价应当制定既符合行业实际又具有标杆引导性质的评价标准，并运用科学的评价计分方法，计量企业科技创新投入产出效率水平，客观反映企业的科技水平和创新环境。

第四条　企业科技创新效率评价遵循以下基本原则：

（1）导向性原则。评价工作承接国家部委科技创新价值导向、引导支撑电力行业战略发展方向，对企业科技创新工作提供方向指引。

（2）科学性原则。指标内涵和数据统计口径符合行业规范且可准确衡量，能反映被评价单位考核期内科技活动的实际效果。

（3）分类评价原则。考核评价遵循分类实施的原则，根据被评价主体的科技创新工作实际情况进行分类评价，鼓励各单位根据各自优势充分发挥在科技创新工作中的主体作用。

（4）可操作原则。评价指标设置精简、有针对性，以规范的国家统计调查体系为基础，数据边界清晰、客观、可持续获取。

第五条　本细则适用于电力行业同级单位之间横向评价比较及某单位

自身不同时期纵向比较。

二、管　理　职　责

第六条　科技创新效率评价由参评企业所属的上级单位科技创新管理部门负责组织实施。

第七条　参评单位根据要求在要求的时限内，提交相关数据和支撑材料，并确保数据与材料的准确性。

第八条　上级单位科技创新管理部门组织对各单位提交的材料进行整理、统计及评价工作。

三、被 评 价 主 体 和 分 类

第九条　科技创新效率评价的被评价主体包括电力系统内有科技创新效率评价需求的集团公司所属二级单位和各产业创新中心。

第十条　根据被评价主体的业务特点，将被评价主体分为生产经营类、科技研发类、技术服务类单位，其具体划分标准如下：

（1）生产经营类：重点围绕企业产品的投入、产出、销售、分配，保持简单再生产或扩大生产的企业类型。其科技创新主要是开发新技术和新产品，提高生产力和企业利润。

（2）科技研发类：所属于上级单位的科研机构，旨在攻克技术难点，利用科技创新资源研发新技术，为上级单位提供新技术支持，并从成果转化中获利。

（3）技术服务类：为其他单位或外界组织提供技术支持或技术路线规划服务，产出成果通过成果转让或租借的形式被其他组织使用。

四、评　价　指　标

第十一条　生产经营类企业科技创新投入一级指标下设科技活动投入总额、研发投入总额、科研经费投入强度、政府资金、科技活动人员投入强度5项二级指标；科技创新产出一级指标下设创新产品销售比例、知识产权成果转化率、创新产品创汇率、技术市场交易额、每万元产值能源消耗降低率5项二级指标。

第十二条　技术开发类企业科技创新投入一级指标下设科技活动投入总额、研发投入总额、科研设备设施投入强度、承担科技计划项目/课题数量4项二级指标；科技创新产出一级指标下设授权专利总数、授权发明专利总数、发表论文数量、技术标准数量、创新产品销售/转让收入5项二级指标。

第十三条　技术服务类企业科技创新投入一级指标下设科技活动投入总额、研发投入总额、国际合作投入比例、科技活动人员投入强度、承担科技计划项目/课题数量5项二级指标；科技创新产出一级指标下设科技创新获奖、技术标准数量、知识产权成果转化率、创新产品销售/转让收入、技术市场交易额5项二级指标。

五、评价方法与程序

第十四条　科技创新效率评价通过对考核期内被评价主体在科技创新投入和科技创新产出两个方面（一级指标）的表现进行考核。根据被评价主体业务特点选取有代表性的评价指标，分别设置相应的二级指标，综合评价各单位的科技创新情况。

第十五条　上级科技创新管理部门对照指标体系收集整理各参评单位所提供相关数据以及支撑材料，各参评单位需对数据及材料的真实性与准确性负责。

第十六条　科技创新管理部门采用 Malmquist—DEA 模型，对待评价企业科技创新投入产出效率进行测算与分解，将测算结果排序并进行评价。

六、评价结果应用及奖励

第十七条　上级单位对科技创新考核评价优秀的主体进行表彰奖励，

并在后续科技创新项目立项、平台建设及经费支持等方面予以政策倾斜。

第十八条　根据科技创新考核评价实施情况，将评价结果与企业年度综合考核体系对接，将绩效评价作为科技创新加分依据对相关单位实现考核激励。

七、附　　则

第十九条　确定细则实施日期。

附录4 企业科技创新绩效评价实施细则

一、总 则

第一条 为优化完善企业科技创新体制机制，促进企业整体科技创新能力和管理水平提升，特制定本细则，建立可量化比较的科技创新绩效评价体系，综合评价各单位的科技创新能力，识别科技创新发展的薄弱环节，为深入推进电力系统创新能力提升、创新成果培育和落地发挥引导和激励作用。

第二条 企业科技创新绩效评价遵循以下基本原则：

（1）导向性原则。评价工作承接国家部委科技创新价值导向、引导支撑电力行业战略发展方向，对企业科技创新工作提供方向指引。

（2）科学性原则。指标内涵和数据统计口径符合行业规范且可准确衡量，能反映被评价单位考核期内科技活动与科技管理的实际效果。

（3）分类评价原则。考核评价遵循分类实施的原则，根据被评价主体的科技创新工作实际情况进行分类评价，鼓励各单位根据各自优势充分发挥在科技创新工作中的主体作用。

（4）可操作原则。评价指标设置精简、有针对性，以规范的国家统计调查体系为基础，数据边界清晰、客观、可持续获取。

第三条 科技创新绩效评价围绕科技创新上级考核目标、创新投入、创新贡献度、创新成果、上级公司的统筹协同、科技创新重点任务/项目等，对同等级参评各单位科技创新工作形成量化评价结论。

第四条 本细则适用于电力系统集团公司所属二级单位和各产业创新中心。

二、管　理　职　责

第五条　科技创新绩效评价由参评企业所属集团公司科技创新管理部门负责组织实施。

第六条　参评单位和各产业创新中心根据要求，提供相关数据和支撑材料，并确保数据的准确性，及时提交给上级科技创新管理部门。

第七条　上级科技创新管理部门组织对各单位提交的材料进行评价。

三、评　价　方　法

第八条　科技创新绩效评价通过对考核期内被评价主体在科技创新投入、科技创新产出与科技创新重点任务/项目 3 个方面（一级指标）的绩效进行分类对比分析与衡量，共设置 12 个二级指标，综合评价各单位的科技创新情况。

第九条　根据被评价主体科技创新业务特点及在集团公司科技创新体系中的定位，分为科技创新类、产业技术依托类、技术应用类、创新中心、金融和服务类进行分类评价，指标权重进行差异化配置。

第十条　单项二级指标得分在所属类别中排序并进行标准化处理，使指标值具有可比性。标准化处理公式如下：

正向指标：
$$x'_{ij} = \frac{x_{ij}}{\max\{x_{1j}, \cdots, x_{nj}\}}$$

负向指标：
$$x'_{ij} = \frac{\min\{x_{1j}, \cdots, x_{nj}\}}{x_{ij}}$$

第十一条　科技创新绩效评价满分为 100 分，同时结合被评价主体在考核期内的突出贡献考虑进行加分奖励，总加分不超过 5 分。被评价主体的最终得分为

评价总分 $= \sum($单项二级指标得分 $\times 100 \times$ 指标权重$) +$ 加分项

四、被评价主体和分类

第十二条　科技创新绩效评价的被评价主体包括集团公司内有科技创新绩效评价需求的所属二级单位和各产业创新中心。

第十三条　被评价主体的分类标准为：

（1）科技创新类：指以完成科技重大任务为主业或侧重开展技术、产品、材料和设计等的研发，或成果转化方等科技创新工作的单位。

（2）产业技术依托类：指兼备科技创新能力和成果转化落地条件，在相关行业承载集团科技创新牵头职责的单位。

（3）技术应用类：指有科技创新需求，但自身科技创新资源有限，以落实科技创新成果落地应用为主的资产经营类企业。

（4）创新中心：指由集团组建的各产业创新中心。

（5）金融和服务类：指以金融投资或者服务为主营业务的单位。

五、指 标 体 系

第十四条　科技创新绩效评价体系包括科技创新投入、科技创新产出与科技创新重点任务/项目 3 个一级指标，下设 12 个二级指标，部分二级指标需通过相应三级指标进行计算，各指标权重和计算方法参见附件 4-1。

第十五条　科技创新投入指标包含研发支出、研发投入强度、研发投入强度增长率、外部引入科研经费、统筹研发经费出资 5 个二级指标，各指标涵义如下：

（1）研发支出：考核期内财务口径的研发支出金额。创新中心类单位为考核期内产业创新中心签订的集团统筹科研项目合同额。

（2）研发投入强度：考核期内研发支出占营业收入比例。

（3）研发投入强度增长率：考核期内研发投入强度相对上一考核期的增长率。

（4）外部引入科研经费：考核期内获得的各部委、地方政府、外部企业等资金支持合同总额。该指标适用于科技创新类和产业技术依托类单位。

（5）统筹研发经费出资：考核期内签订的集团统筹科研项目的出资合同总额。

第十六条　科技创新产出指标包含新增/申请发明专利、科技奖励成果、技术标准、新增科技人才评定数、科技创新管理绩效、科技创新经济价值 6 个二级指标，各指标涵义如下：

（1）新增专利和申请专利：考核期内新增发明专利数量（含专利引进），发明专利申请量。创新中心类单位为考核期内产业创新中心承担集团统筹科研项目成果对应的新增发明专利数量和发明专利申请量。

（2）科技奖励成果数：考核期内国家级、省部级、集团公司级科技奖获奖。创新中心类单位为考核期内产业创新中心承担集团统筹科研项目成果对应的新增国家级、省部级、集团公司级科技奖获奖。

（3）技术标准数：考核期内主编、参编并已发布的国际、国家级标准、行业标准。

（4）新增科技人才评定数：考核期内选入考核期内入选国家/省部级人才工程、企业相关人才工程等情况。

（5）科技创新管理绩效：考核期内被考核主体通过高新技术企业节税、研发费用加计扣除得到的利润红利。创新中心类单位为考核期内本产业领域集团统筹科研项目计划完成率。

（6）科技创新经济价值：考核期内被考核主体通过科技创新成果转让获得的经济价值。

第十七条　科技创新重点任务/项目指标指被评价主体在考核期内承接国家相关部委和上级单位的科技创新重点任务/项目。

第十八条　加分项指考核期内被评价主体获批建设国家级/省部级/上级单位科技创新平台的情况，以及主管部门对存量国家级/省部级/上级单位科技创新平台的考评情况。

六、考核结果应用及奖励

第十九条　上级单位对科技创新考核评价优秀的主体进行表彰奖励，

并在后续科技创新项目立项、平台建设及经费支持等方面予以政策倾斜。

第二十条　根据科技创新考核评价实施情况，将评价结果与企业年度综合考核体系对接，将绩效评价作为科技创新加分依据对相关单位实现考核激励。

七、附　　则

第二十一条　确定细则实施日期。

附件 4－1　各类被评价主体的指标权重及赋分细则

一级指标	二级指标	指标权重					指标绩效折算方法和统计口径*
		科技创新	产业技术依托	技术应用	创新中心	金融服务	
创新投入	研发支出	5	—	—	10	20	统计口径应与各单位财务报表中"研发支出"项目保持一致，按照金额排序。创新中心类单位为考核期内产业创新中心签订的集团统筹开展的科研项目合同额
	研发投入强度	—	5	7.5	—		统计口径为被评价主体在考核期内科技投入额占营业收入的比例，按数值大小排序
	研发投入强度增长率	—	5	7.5	—		统计口径为被评价主体在考核期内研发投入强度相对上一考核期的增长率
	外部引入科研经费	10	5	5			统计口径为被评价主体在考核期内签订的从外部（指各部委、地方政府、被评价主体以外的其他实体）获取科研经费的所有研发项目合同总额，按金额排序
	统筹研发经费出资	—	10	15	—	10	统计口径为被评价主体作为甲方在考核期内签署的集团统筹开展科研项目研发经费合同总额，按金额排序
创新产出	新增科技人才评定数	15	10	5			统计口径为统计期内新增纳入国资委年度科技情况调查的国家级/省部级特殊人才和纳入上级单位相关人才计划的人才当量得分。总分计算公式： 指标绩效得分＝∑（特殊人才数量×对应权重），按得分排序
	发明专利	10	10	10	10		统计口径为被评价主体在考核期内申请和获得授权的发明专利，按权重计算指标绩效得分后按得分高低排序。创新中心类单位为考核期内产业创新中心承担集团统筹开展科研项目成果对应的新增发明专利数量和发明专利申请量
	科技奖励成果	15	10	10	10	—	统计口径为被评价主体在考核期内获得国家级、省部级、企业级科技成果奖励。 总得分依据不同奖励等级和完成单位排序折算计分

一级指标	二级指标	指标权重					指标绩效折算方法和统计口径*
		科技创新	产业技术依托	技术应用	创新中心	金融服务	
创新产出	技术标准	10	10	10	—	—	统计口径为被评价主体在考核期内主编或参编并正式发布的国际（仅含 IEC、ISO、ITU 标准）、国家、行业级技术标准。根据标准不同层级和编制情况折算分数，按照总分进行排序
	科技创新管理绩效	10	15	15	10	—	按照考核期内高新技术企业节税、研发费用加计扣除等获得的利润增加额进行加和排序。其中，高新技术企业节税额为年度内获得税务部门认可的高新技术企业节税金额；研发费用加计扣除为年度内因技术开发费用实行加计扣除后实际获得减免的税额（即企业实际减少的所得税负担）。创新中心类单位为考核期内的本产业领域的集团统筹科研项目的计划完成率
	科技创新经济价值	10	5	5	—	10	统计口径为被评价主体在考核期内应用被评价主体的科技成果签署的技术许可、技术转让合同总额（如合同金额为初始费＋提成费形式，则可将初始费＋被考核期内获取的全部提成费计入）上级单位统筹研发项目成果转让，其项目出资单位计入同等金额
重点任务/项目	任务层级/数量/质量	15	15	10	60	60	按照被评价主体在考核期以内完成的总任务得分排序，总任务得分＝∑（单项任务在上级单位综合评定中得分×任务权重）
总　分		100	100	100	100	100	
加分项	研发平台获批	5	5	5	5	5	统计口径为被评价主体在考核期内获得国家、省部级、集团公司级认可的研发平台、创新中心等。按照平台获批层级和数量进行加权计分

＊　各单项二级指标评分根据被评价主体的指标绩效情况在所属类别中的排序，按照标准分法确定指标得分。

注　指标权重、折算方法与统计口径均作为实际评价参考，均可根据实际评价需求进行调整。

附件 4－2　科技创新绩效评价部门协同流程图及流程说明

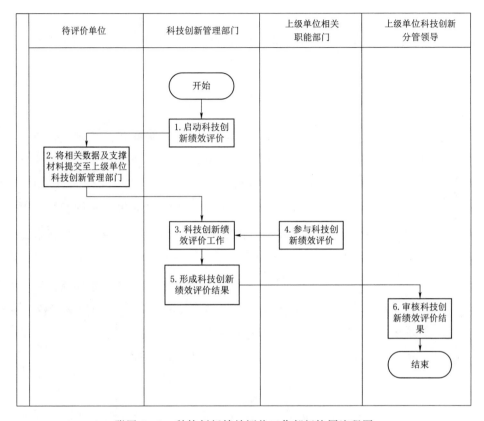

附图 4－1　科技创新绩效评价工作部门协同流程图

附表 4－1　　　　　　　　部 门 协 同 流 程 说 明

节点	责 任 单 位	工 作 描 述	工作依据
1	科技创新管理部门	启动科技创新绩效评价	
2	待评价单位	提供相关数据和支撑材料，及时提交集团公司科技创新管理部门	
3	科技创新管理部门	组织科技创新绩效评价	《科技创新绩效评价实施细则》
4	上级单位相关职能部门	参与科技创新绩效评价	
5	科技创新管理部门	形成科技创新绩效评价结果	
6	上级单位科技创新分管领导	审批科技创新绩效评价结果	

附录5 企业科技创新能力评价实施细则

一、总 则

第一条 为促进企业的科技创新体系建设，不断提高公司科技创新能力，规范科技创新评估活动，根据《关于国家核电科技创新体系建设的指导意见》的相关要求，制定本实施细则。

第二条 科技创新能力评估（以下简称评估）由表征科技创新能力的指标体系界定，用以对公司所属单位的科技创新能力进行衡量、分析和综合评价。

第三条 评估是反映科技创新能力、发现科技创新发展的薄弱环节、促进科技创新能力和管理水平提升、提高科技创新竞争实力的重要手段。

第四条 评估遵循客观、公正、科学的原则。

第五条 本实施细则适用于公司对所属单位的评估。

二、组 织 管 理

第六条 公司科研部是评估工作的归口管理部门。负责评估年度计划的制定和实施。

第七条 公司科研部组织评估专家对所属单位进行评估。评估专家的组成范围包括公司专家委、总部相关部门及所属单位的人员，也可包括公司系统外专家。

第八条 总部相关部门及所属单位推荐的评估专家，经过评定，进入评估专家库。各部门和单位为评估专家参加评估活动创造必要条件。

第九条 评估专家应具备下列条件：

（1）具有较深厚的学术造诣，思想敏锐。

（2）较高的专业知识水平或管理工作经验。

146

（3）良好的科学道德，认真严谨、秉公办事、客观公正。

第十条　评估专家组由进入评估专家库的专家组成，其中组长 1 人，副组长 1 人，成员 3～5 人。评估专家遵循回避原则，评估专家组成员不得包含来自被评估单位的专家。

第十一条　对评估专家定期开展培训活动。

三、评　估　内　容

第十二条　评估主要内容包含创新投入、创新管理、创新成果和创新绩效 4 个方面的不易量化指标的打分与赋值。

第十三条　对于创新投入的评价分别从投入资源、产学研合作、创新平台 3 个方面共设置 15 个具体评价指标。

投入资源方面设置科技活动投入总额、研发投入总额、科研经费投入强度、国际合作投入比例、政府资金、人才当量密度、科技活动人员投入强度、科研设备设施投入强度 8 个评价指标。

产学研合作方面设置产学研合作项目数量、产学研合作项目支出比例、产业技术创新战略联盟参与度 3 个评价指标。

创新平台方面设置独立设立科研机构数量、共建科研机构数量、承担科技计划项目/课题数量、标准化组织参与程度 4 个评价指标。

第十四条　对于创新管理的评价设置科技战略管理能力、项目管理流程流畅程度、专利开发率、创新激励成效 4 个具体评价指标。

第十五条　关于创新成果的评价，分别从成果产出与成果转化两个方面设置 7 个具体评价指标。

成果产出方面设置授权专利总数、授权发明专利总数、科技创新获奖、发表论文数量、技术标准数量 5 个具体指标。

成果转化方面设置创新产品销售比例、知识产权成果转化率 2 个评价指标。

第十六条　关于创新绩效的评价，分别从经济效益与社会效益两个方面设置 7 个具体评价指标。

成果产出方面设置创新产品销售转让收入、创新产品创汇率、创新产品利税率 3 个具体指标。

成果转化方面设置技术市场交易额、每万元产值能源消耗降低率、二氧化碳减排量、相关产业的带动作用 4 个评价指标。

四、评估程序和方式

第十七条　评估主要分准备阶段和实施阶段。

1. 在评估准备阶段进行：

（1）依据评估年度计划，策划评估工作。

（2）组建评估组。

（3）下发评估通知。

（4）培训相关人员。

2. 在评估实施阶段进行：

（1）被评估单位根据通知要求进行自评估，提交自评估材料。

（2）现场评估。

（3）评估组完成初步评估报告。

（4）评估组就初步评估报告反馈并听取被评估单位意见。

（5）评估组形成评估报告。

第十八条　现场评估方式主要通过听取被评估单位汇报、查阅相关资料和测评、与相关人员座谈、问卷调查、现场考察检查等形式。

评估报告包括下列内容：

（1）评估工作概况。

（2）被评估单位科技创新能力总体概况。

（3）被评估单位科技创新的良好实践。

（4）被评估单位科技创新的存在的主要问题。

（5）改进建议和意见。

五、评估成果应用和管理

第十九条　公司科研部将评估结果向公司领导班子汇报。根据领导班子会议，提出改进行动项，向被评估单位反馈。

第二十条　被评估单位制定整改措施和行动项落实计划报公司科研部。

第二十一条　公司科研部对整改措施落实情况进行监督检查。

第二十二条　整改措施完成后，被评估单位向公司科研部提出报告，公司科研部负责组织验收，并向公司汇报验收情况。

第二十三条　对科技创新活动中的良好实践，公司科研部负责组织宣传和推广。

六、附　　则

第二十四条　本实施细则由上级单位科研部负责解释。

第二十五条　本实施细则自发布之日起施行。

第二十六条　本实施细则工作流程见附件5-1。

附件 5-1 科技创新能力评估工作流程图

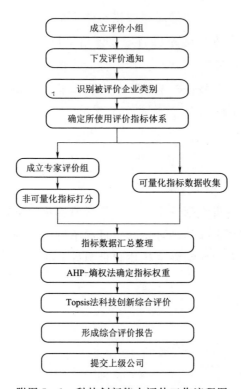

附图 5-1 科技创新能力评估工作流程图

参 考 文 献

［1］ 董福贵，张也，尚美美. 分布式能源系统多指标综合评价研究 ［J］. 中国电机工程学报，2016，36 (12)：3214-3223.

［2］ 董福贵，时磊，吴南南. 基于 DEA-TOPSIS-时间序列的风电绩效动态评价 ［J］. 电力科学与工程，2018，34 (11)：20-29.

［3］ 富丽娟，李婉莹，董福贵. 基于 DEA-CRITIC 的集团公司科技创新效率评价 ［J］. 科技和产业，2020，20 (12)：48-53.

［4］ 岳云力，马体，董福贵. 基于区间组合赋权法的省级电网公司战略评价 ［J］. 华北电力大学学报（社会科学版），2019 (2)：39-47.

［5］ 马体，时磊，岳云力，赵哲源，李媛，董福贵. 省级电网公司战略目标体系结构及影响机理分析 ［J］. 浙江电力，2019，38 (2)：15-21.

［6］ 王公晓. 论知识产权保护制度对技术创新的正负效应 ［J］. 科技风，2010 (17)：28-29.

［7］ 刘凤朝，潘雄锋. 基于 Malmquist 指数法的我国科技创新效率评价 ［J］. 科学学研究，2007，25 (5)：986-990.

［8］ 韩先锋，师萍，卫伟. 我国区域科技创新效率、模式与收敛性分析 ［J］. 统计与决策，2010 (16)：57-60.

［9］ 王雪原，王宏起. 我国科技创新资源配置效率的 DEA 分析 ［J］. 统计与决策，2008 (8)：108-110.

［10］ 李薇. 科创板上市的科技型企业创新绩效评价研究 ［D］. 兰州：东北石油大学，2020.

［11］ 赵铨劼. 基于科技创新的航空公司综合能力评价 ［D］. 天津：中国民航大学，2007.

［12］ 许飞. 基于科技创新的企业绩效评价指标体系构建——以山东省制造业上市公司为例 ［D］. 济南：山东财经大学，2013.

［13］ ZHANG W，YU Q，YANG F，et al. Research on green technology innovation evaluation of industrial enterprises based on complex network：IEEE，2018.

［14］ 殷伟伟. Y 化工公司技术创新能力评价研究 ［D］. 石家庄：河北地质大学，2021.

［15］ 彭张林，张强，杨善林. 综合评价理论与方法研究综述 ［J］. 中国管理科学，2015，23 (S1)：245-256.

［16］ 冯永琴. 企业自主创新能力评价体系及实证研究——以"武汉·中国光谷"典型企业为例［D］. 武汉：中国地质大学，2008.

［17］ 晏强. 基于因子分析方法的科技型中小企业技术创新能力评价［J］. 现代商业，2016（8）：108－109.

［18］ 李素英，王贝贝，冯雯. 基于 AHP－BP 的科技型中小企业创新能力评价研究——以京津冀创业板上市公司数据为样本［J］. 会计之友，2017（24）：60－64.

［19］ 黄祺鹏. 上海市体育健身休闲类中小企业创新力评价指标体系的构建和应用——以上海体育国家大学科技园在园企业为例［D］. 上海：上海体育学院，2021.

［20］ 楼霄. 引入大数据能力的企业技术创新绩效评价体系研究——以 D 公司为例［D］. 杭州：杭州电子科技大学，2020.

［21］ 楼霄. 引入大数据能力的企业技术创新绩效评价体系研究［J］. 中国乡镇企业会计，2021（10）：141－143.

［22］ 张俐，陈小波. 动态加权条件互信息的特征选择算法［J］. 电子与信息学报，2021，43（10）：3028－3034.

［23］ ZHANG B, SHANG P. Dispersion conditional mutual information：a novel measure to estimate coupling direction between complex systems［J］. Nonlinear dynamics，2021，103（6106）：1－12.

［24］ GU X, GUO J, XIAO L, et al. Conditional mutual information－based feature selection algorithm for maximal relevance minimal redundancy［J］. Applied intelligence，2021，52（2）：1436－1447.

［25］ JU Z, HE J J. Prediction of lysine glutarylation sites by maximum relevance minimum redundancy feature selection［J］. Anal ytical Biochemistry，2018，550：1－7.

［26］ 段尧清，郑卓闻，汪银霞，等. 基于 DEMATEL 的数据要素属性结构关系分析［J/OL］. 情报理论与实践，2022：1－11.

［27］ 韩崇，孙力娟，郭剑. 基于决策实验室法的教学质量评价因素研究［J］. 计算机时代，2017（7）：74－77.

［28］ 常启军，王璐，金虹敏. 基于 DEMATEL 与 ISM 的内部控制创新研究［J］. 会计之友，2016（8）：80－85.

［29］ 于秀珍，牟瑞芳. 集成 DEMATEL 与 ISM 的铁路行车事故影响因素分析［J］. 安全与环境学报，2021：1－9.

［30］ 苑泽明，李田，王红. 科技型中小企业创新效率评价研究——基于科技金融政策投入视角［J］. 科技管理研究，2016（16）：39－44.

［31］ 张铁山，孙兴达. 北京高端装备制造业科技创新效率评价研究［J］. 北方工业大学学报，2019，31（6）：86－94.

［32］ CHARNES A, Cooper W W, Rhodes E. Measuring the efficiency of decision making units［J］. European journal of operational research，1978，2（6）：429－444.

［33］ BANKER R D，CHARNES A，COOPER W W. Some Models for Estimating Techni-cal and Scale Inefficiencies in Data Envelopment Analysis ［J］. Management science，1984，30（9）：1031－1142.

［34］ FÄRE R，GROSSKOPF S，LOVELL C K. Multilateral productivity comparisons when some outputs are undesirable：a nonparametric approach ［J］. Review of eco-nomics and statistics，1989，71（1）：90.

［35］ 汪本强，陈猛，郑姗姗. 基于层次分析-熵权法的安徽省区际间科技创新能力综合评价 ［J］. 科技管理研究，2022（2）：75－83.

［36］ 孟依浩，何继新，张湛. 基于层次分析法的突发公共卫生事件应急能力评价体系研究 ［J］. 职业卫生与应急救援，2022，40（1）：95－99.

［37］ 卢全梅，周贞云，邱均平. 长三角区域高校科技创新能力评价——基于熵权灰色模糊评价的实证研究 ［J］. 评价与管理，2021，19（4）：47－53.

［38］ 王晓艳，章四龙，刘磊. 基于 AHP-熵权法的水环境承载力模糊综合评价 ［J］. 环境科学与技术，2021，44（9）：206－212.

［39］ 曹皖晨，倪荣，丁健，等. 基于 AHP 和熵权法的齐齐哈尔市跨江发展门槛分析 ［J］. 高师理科学刊，2021，41（10）：57－63.

［40］ 萧烽，王鹏，陈国生. 基于 TOPSIS 法的长江经济带省域竞争力评价及区域差异影响因素研究 ［J］. 经济地理，2021：1－10.